AF296701

ENQUÊTE

SUR LA

Culture de la Betterave et l'Industrie

du Sucre de Betteraves

AUX

ÉTATS-UNIS

PAR

M. ÉMILE SAILLARD

INGÉNIEUR AGRONOME, PROFESSEUR A L'ÉCOLE NATIONALE DES INDUSTRIES AGRICOLES
DIRECTEUR DU LABORATOIRE DU SYNDICAT DES FABRICANTS DE SUCRE
DE FRANCE (Paris)

Date de l'Enquête :

SEPTEMBRE-OCTOBRE 1912

PARIS

IMPRIMERIE DE LA PRESSE

16, rue du Croissant, 16

1913

ENQUÊTE

SUR LA

Culture de la Betterave et l'Industrie

du Sucre de Betteraves

AUX

ÉTATS-UNIS

PAR

M. ÉMILE SAILLARD

INGÉNIEUR AGRONOME, PROFESSEUR A L'ÉCOLE NATIONALE DES INDUSTRIES AGRICOLES

DIRECTEUR DU LABORATOIRE DU SYNDICAT DES FABRICANTS DE SUCRE

DE FRANCE (Paris)

Date de l'Enquête :

SEPTEMBRE-OCTOBRE 1912

PARIS

IMPRIMERIE DE LA PRESSE

16, rue du Croissant, 16

—

1913

INTRODUCTION

Pour faire mon voyage d'études aux Etats-Unis, j'ai été particulièrement aidé par :

M. Ware, Ingénieur des Arts et Manufactures, Directeur de *The Sugar Beet* (Philadelphie) :

M. Truman G. Palmer, Secrétaire de l'Industrie du sucre de betteraves aux Etats-Unis (Washington) ;

M. Frank Roderùs, Directeur de l'American Sugar Industry et Beet Sugar Gazette (Chicago).

M. Palmer, en particulier, s'est multiplié pour me faciliter l'entrée dans les usines.

Au cours des visites que j'ai faites, soit dans des fabriques, soit dans des fermes à betteraves, j'ai été fort aimablement accueilli, et on m'a donné, avec une entière bonne grâce, tous les renseignements que j'ai demandés.

J'ai plaisir à renouveler ici, à tous ceux qui m'ont ainsi facilité mon travail, mes plus vifs et mes plus sincères remerciements.

Emile Saillard.

Paris, février 1913.

Mesures américaines :

1 dollar = 5 francs environ :
1 cent = 5 centimes - 1 sou environ ;
1 mille = 1.609 mètres 3 ;
1 pouce = 2 cm. 54 ;
1 pied = 0 m. 304 :
1 acre = 40 ares 4 :
1 grande tonne = 1.016 kg. 048 :
1 petite tonne = 906 kg. :
1 livre = 453 grammes.

AVANT-PROPOS

Au cours des deux dernières années, nous avons étudié la culture de la betterave et les conditions de l'industrie sucrière dans les principaux pays betteraviers de l'Europe.

Deux Commissions du Syndicat se sont rendues, l'une en Allemagne, Autriche et Belgique, l'autre en Russie, et dans les rapports d'enquête qui vous ont été adressés, vous avez trouvé les données nécessaires pour faire les comparaisons qui nous intéressent.

Mais le commerce des sucres est international et l'Europe n'est pas la seule partie du monde qui y prenne part. Le sucre de canne complique encore les choses, sans compter qu'il y a beaucoup de pays qui produisent ou peuvent produire plus de sucre qu'ils n'en consomment.

A l'heure actuelle, les deux grands pays d'importation sont l'Angleterre et les Etats-Unis. On y consomme 38 à 40 kilos de sucre par tête d'habitant et par an, ce qui fait ressortir la consommation totale annuelle à 2 millions de tonnes environ pour l'Angleterre, et à 3.500.000 tonnes environ pour les Etats-Unis.

Vous savez comment l'Angleterre pourvoit à ses besoins. Inutile d'insister à ce sujet.

Mais qu'advient-il aux Etats-Unis ?

La population s'accroît là-bas avec une grande rapidité. Elle est actuellement de 90 millions d'habitants environ, et elle va, chaque année, en augmentant.

D'autre part, l'industrie du sucre de betterave y marche à pas de géant et va bientôt rattraper la nôtre.

Ce que nous avons fait en un siècle, les Etats-Unis vont le faire en 30 ou 40 années.

Or, dès qu'un pays d'importation agrandit sa place sur son propre marché, il devient en état de refouler une partie du sucre étranger qui lui arrive.

Celui-ci est obligé de chercher une autre voie, et l'équilibre est rompu.

C'est à ce point de vue que l'industrie sucrière aux Etats-Unis éveille l'attention.

Beaucoup d'ouvrages ont déjà été publiés sur l'Amérique. Je ne rappellerai, à cette place, que celui de M. J.-B. Dureau sur les Etats-Unis. Il décrit en un style élégant et alerte tout ce qui se rapporte aux conditions économiques du pays.

ENQUÊTE

SUR LA

Betterave et l'Industrie
du Sucre de Betteraves

AUX

ÉTATS-UNIS

PAR

M. ÉMILE SAILLARD

I. — LOI DOUANIERE — STATISTIQUES

Sans entrer dans les détails de la législation sucrière des États-Unis, je veux du moins en rappeler les grandes lignes qui nous intéressent.

Aux États-Unis, il n'y a pas de droit de consommation sur le sucre, c'est-à-dire que le sucre produit dans le pays n'est soumis à aucun impôt ; mais il y a un droit de douane, et ce droit de douane n'est pas le même pour tous les sucres importés.

Le sucre venant des îles américaines (Hawaï, depuis 1875 ; Porto-Rico, depuis 1901 ; Iles Philippines, depuis 1909) entre en franchise. Cependant le sucre importé des Philippines ne bénéficie de cet avantage que jusqu'à concurrence de 300.000 tonnes, limite qui n'est, d'ailleurs, pas encore atteinte.

Pour le sucre importé de Cuba, il est fait une détaxe de 20 % du droit de douane, et, enfin, les autres sucres étrangers sont soumis au droit de douane plein, qui est de 21 fr. 718 par 100 kilos de sucre blanc, et 19 fr. 25 par 100 kilos à 96°.

En d'autres termes, le sucre indigène et le sucre produit dans les îles américaines (avec la restriction indiquée plus haut pour les Philippines) jouissent d'un avantage de 21 fr. 718 par 100 kilos de blanc ou de raffiné sur le sucre étranger, et de 15 fr. 40 sur le sucre à 96° de Cuba. Pour les autres sucres bruts étrangers, les avantages sont adéquats au rendement.

Il est intéressant de voir comment se répartit la consommation américaine entre le sucre produit dans le pays (métropole et possessions insulaires) et les sucres étrangers. Les chiffres suivants renseignent à ce sujet, et, pour les rendre plus significatifs, j'ai cité ceux qui se rapportent aux années 1902, 1907 et 1912.

Statistiques de consommation en 1902, 1907 et 1912

	Année 1902	Année 1907	Année 1912
A) *Sucre indemne*			
MÉTROPOLE :			
Canne	280.000	264.968	257.194
Betterave	148.526	375.410	516.851
Erable et sorgho............	21.325	10.000	7.000
Mélasse	23.600	6.249	8.155
Total	473.451	656.627	789.200
SUCRE DES ILES américaines :			
Iles Hawaï..................	311.139	418.102	526.281
Ile Porto-Rico..............	84.827	212.853	285.556
Iles Philippines..............	2.550	10.700	131.932
	398.516	641.655	943.769
Total du sucre indemne..................	871.967	1.298.282	1.732.969
B) *Sucre privilégié*			
CUBA : (Remise du 1/5 du droit de douane)	682.024	1.340.400	1.664.863
C) *Sucre au droit plein*			
Betterave	121.421	6.839	67.370
Canne	890.696	348.458	38.980
Total	1.012.117	355.297	106.350
D) *Consommation totale*	2.566.108	2.993.979	3.504.182

Ces chiffres de statistiques permettent les observations suivantes :

1° Au cours des dix dernières années, la consommation du sucre aux Etats-Unis est passée de 2.500.000 tonnes à 3.500.000 tonnes (chiffre rond), subissant ainsi une augmentation moyenne annuelle de 90.000 tonnes à 100.000 tonnes ;

2° A l'heure actuelle, la consommation américaine est alimentée :

pour la moitié environ (1.732.000 tonnes), par du sucre indemne de droits ;

pour la moitié environ (1.665.000 tonnes) par du sucre privilégié de Cuba.

Les sucres payant le droit de douane plein n'entrent plus aux Etats-Unis, que pour 100 à 150.000 tonnes, alors qu'il y a 10 ans ils participaient pour les deux cinquièmes environ (1.000.000 de tonnes) à la consommation totale ;

3° Au cours des dix dernières années, l'augmentation de la production indigène (sucre de la métropole et sucre des possessions insulaires) a été d'environ 900.000 tonnes, soit 90.000 tonnes par an.

Il faut dire cependant qu'elle s'est un peu ralentie au cours des cinq dernières années, peut-être à cause d'un changement possible de la législation douanière. (V. plus loin, p. 48). Néanmoins, l'augmentation de la production de sucre indemne ne s'écarte pas beaucoup de l'augmentation de la consommation. Si les choses se maintiennent en l'état avec la législation douanière actuelle, on peut dire que les importations de Cuba aux Etats-Unis atteindront bientôt leur maximum, même si on tient compte de la limite de 300.000 tonnes qui concerne le sucre des Philippines.

On peut se demander maintenant comment cette augmentation annuelle de production de 90.000 tonnes se trouve réalisée.

Le tableau suivant renseigne à ce sujet :

	1902	1907	Augmentation annuelle des années 1902-1907	1912	Augmentation annuelle des années 1907-1912
Sucre produit aux Etats-Unis (Métropole) :					
Sucre de betterave.	148.526	375.410	45.480	516.851	28.288
Sucre de canne......	280.000	264.968	»	257.194	»
Autres sucres........	44.925	16.249	»	15.155	»
Totaux.............	473.451	656.627	36.635	789.200	26.514
Sucre importé :					
des îles Hawaï......	311.139	418.102	21.392	526.281	21.637
de l'île Porto-Rico.	84.827	212.853	25.605	285.556	14.540
des îles Philippines	2.550	10.700	1.629	131.932	24.246

Comme on le voit :

1° La production du sucre de betterave a augmenté chaque année de 45.480 tonnes pendant les années 1902-07 et de 28.288 tonnes pendant les années 1907-1912.

Par contre, la production globale des sucres autres (sucre de canne, sucre d'érable, et sucre de sucraterie) est allée en diminuant.

La production du sucre de canne, qui est cantonnée dans le Sud des Etats-Unis, reste à peu près stationnaire ;

2° Les importations de sucre aux Etats-Unis ont augmenté, chaque année : pour les îles Hawaï, de 21.392 (1902-1907) et de 21.637 (1907-1912) ; pour les îles Philippines, de 1.629 (1902-1907) et de 24.246 (1907-1912) ; pour Porto-Rico, de 25.605 (1902-1907) et de 14.540 (1907-1912).

C'est donc la production de la métropole qui a subi la plus forte augmentation annuelle, et cette augmentation est due entièrement au sucre de betterave, puisque la production globale des autres sucres est plutôt en diminution.

Je me suis donc occupé de l'industrie du sucre de betteraves.

II. — GENERALITES SUR LES ETATS-UNIS

Le voyage d'études que j'ai fait aux Etats-Unis, sur la demande du Bureau du Syndicat, a duré six semaines environ, du 24 août au 8 octobre. Je suis resté quelques jours à New-York pour assister au 8° Congrès international de chimie appliquée et à la réunion de la Compagnie internationale d'unification des méthodes d'analyse des produits sucrés.

Etendue du pays. — Les Etats-Unis ont un territoire qui est à peu près quinze à seize fois plus grand que celui de la France.

Et cependant, la population n'est que deux fois et demie plus grande que celle de la France. C'est vous dire qu'il y a là-bas des régions peu peuplées, où la population est très peu dense.

Il y a donc encore de la place pour les émigrants.

Les Etats-Unis sont plus près de l'Equateur que la France. La frontière nord se trouve à peu près sur le même degré de latitude que Montargis, Orléans, et la frontière sud, sur le même degré (28° degré) que les îles Canaries, le sud du Maroc, le Caire.

Deux chaînes de montagnes fort importantes les parcourent dans la direction générale du Nord au Sud : à l'Est, les monts Alleghanys, avec une altitude maximum de 2.000 mètres ; à l'Ouest, les montagnes Rocheuses avec une altitude maximum de 4.500 mètres.

Cela détermine dans les Etas-Unis, trois grandes régions principales, on pourrait presque dire trois bassins principaux :

1° *Le versant ou le bassin de l'Atlantique*, où se trouvent New-York, Pittsbourg, Philadelphie, Washington, etc. ;

2° *Le grand bassin du Mississipi*, qui, par ses grandes et nombreuses rivières, l'Ohio, le Missouri, et enfin par le Mississipi, envoie ses eaux dans le golfe du Mexique ;

3° *Le versant du Pacifique*, où se trouvent la Californie et San Francisco.

Les Etats-Unis comprennent 50 Etats. La presqu'île d'Alaska et les îles Hawaï forment des Etats à part.

Au point de vue agricole, au point de vue des statistiques, on divise généralement les Etats-Unis (suivant les cultures qu'on y fait) en cinq grandes régions :

1° *Atlantique-Nord ;*
2° *Atlantique-Sud ;*
3° *Centre Nord ;*
4° *Centre Sud ;*
5° *Ouest.*

Conditions climatologiques. - La direction et la hauteur des montagnes, la grande étendue du pays suivant la direction Nord-Sud, font que le climat présente une grande diversité dans les différentes régions des Etats-Unis.

Pluie. — Dans la région de l'Atlantique, il tombe à peu près 800 à 1.000 et même 1.200 m/m d'eau par an. Au fur et à mesure qu'on s'éloigne de l'Atlantique pour aller vers les Montagnes Rocheuses, la quantité de pluie tombée annuellement va en diminuant.

A Chicago, à Kansas-City, à Saint-Louis, il en tombe 750 à 950 m/m.

Un peu plus vers l'Ouest, c'est-à-dire à Denver, à Pueblo, il en tombe 250 à 500 m.m ; enfin, dans certaines régions des Montagnes Rocheuses, il en tombe moins de 250 m.m.

Sur le versant du Pacifique, la pluie renaît et il en tombe presque autant que sur le versant de l'Atlantique.

Le tableau qui suit le montre d'ailleurs nettement (Voir tabl. *a*).

Température. - Les conditions de température aux Etats-Unis diffèrent quelque peu des conditions européennes. Cela est dû, en partie, au Gulf Stream, ce courant d'eau chaude qui longe l'Europe occidentale et en modère la température pendant l'hiver. Là-bas ce puissant régulateur n'existe pas, et la température subit, en général, de l'hiver à l'été, des variations bien plus étendues qu'en France.

Dans le Sud des Etats-Unis, la température s'élève, en été, jusqu'à 38-40°, et elle descend, en hiver, jusqu'à — 20 °.

Si on va plus au Nord ou si on s'avance davantage vers les Montagnes Rocheuses, les températures maxima sont un peu plus faibles en été ; mais les froids sont plus vifs en hiver.

A Chicago, par exemple, la température va jusqu'à 36-38° en été ; elle descend jusqu'à — 22° et 27° en hiver.

A Denver, en Colorado, à 1.600 mètres d'altitude, la température, pendant l'été, va à 33-37° : elle descend en hiver jusqu'à — 23-29°.

Sur le versant du Pacifique, c'est-à-dire du côté de la Californie, la température est plus régulière. En hiver, elle descend à +5°—0-3°; mais en été elle est plus élevée (Voir tableaux *b* et *c*).

a) *Pluie tombée*

		1901		1902		1903		1904		1905	
		Milli-mètres d'eau	Nombre de jours de pluie	Milli-mètres d'eau	Nombre de jours de pluie	Milli-mètres d'eau	Nombre de jours de pluie	Milli-mètres d'eau	Nombre de jours de pluie	Milli-mètres d'eau	Nombre de jours de pluie
NEW-YORK		1176,»	133	»	»	»	»	»	»	»	»
PITTSBURG (283 m. d'altit.)	Par an	1019,»	156	805,5	148	970,2	140	844,»	150	879,7	148
	En 7 mois (avr. à oct.).	688,5	80	508,5	81	601,2	76	544,5	88	639,2	83
CHICAGO (274 m. d'altit.)	Par an	613,»	114	939,2	133	702,2	116	653,5	123	884,»	124
	En 7 mois (avr. à oct.).	384,7	62	682,2	73	492,»	70	402,2	64	673,»	7.
SAINT-LOUIS (189 m. d'al.)	Par an	620,»	82	960,7	125	845,2	112	842,7	-107	963,5	106
	En 7 mois (avr. à oct.)	348,7	48	622,7	74	591,5	68	498,7	68	722,7	70
KANSAS-CITY (321 m.d'alt.)	Par an	619,»	79	1013,»	114	980,5	108	1193,2	103	1063,7	113
	En 7 mois (avr. à oct.).	423,»	50	802,7	78	807,»	75	977,5	59	851,5	74
DENVER (1.763 m. d'altit.)	Par an	227,5	66	333,7	70	237,5	75	351,2	70	442,»	88
	En 7 mois (avr. à oct.).	180,5	44	274,2	47	194,7	54	311,2	53	330,7	65
SACRAMENTO (Californie)		463,»	53	»	»	»	»	»	»	»	»

b) *Limite des températures maxima pour chaque mois pendant les mois de juillet d'août et de septembre*

	1901	1902	1903	1904	1005
New-York...........	30°56 à 37°22	»	»	»	»
Pittsburg............	30°56 à 36°67	30° à 33°89	32°22 à 34°44	31°11 à 32°22	30° à 33°89
Chicago..............	30°56 à 39°44	27°22 à 32°78	30° à 33°33	30°56 à 34°44	30° à 35°
Saint-Louis..........	35° à 41°68	30° à 36°67	33°33 à 36°67	31°67 à 33°89	33°33 à 34°44
Kansas-City..........	34°44 à 41°12	29°44 à 35°56	32°22 à 36°11	33°33 à 36°11	33°33 à 35°
Denver..............	31°67 à 37°78	33°89 à 37°78	32°78 à 36°11	32°22 à 35°	32°22 à 34°44
Sacramento (Californie)	37°78 à 40°56	»	»	»	»

c) Limites des températures minima pour chaque mois
(de novembre à mars)

	1901	1902	1903	1904	1905
New-York...............	— 8°33 à — 15°56	»	»	»	»
Pittsburg	— 5° à — 16°67	— 4°44 à — 16°67	— 3°89 à 19°44	— 6°67 à — 20°56	— 7°78 à — 21°67
Chicago............	— 8°89 à — 24°44	— 3°3 à — 22°22	—10°56 à — 25°	— 7°22 à — 26°11	— 9°44 à — 27°78
Saint-Louis.........	— 5° à — 23°33	— 1°67 à — 18°33	— 6°67 à — 21°11	— 3°89 à — 21°11	— 4°44 à — 27°78
Kansas-City........	— 4°4 à — 22°22	— 4°44 à — 21°67	— 8°33 à — 22°78	— 4°44 à — 22°22	— 4°44 à — 29°44
Denver............	— 6°67 à — 28°33	—10°56 à — 28°89	—12°22 à — 23°33	—11°11 à — 23°33	— 5° à — 29°44
Sacramento.........	+ 5° à — 3°33	»	»	»	»

Températures minima. — Pour rendre les comparaisons plus faciles, j'ai fait la moyenne des températures minima correspondant aux cinq mois de l'hiver, et je vais mettre ces moyennes en regard de celles de l'Europe.

Moyennes des températures minima correspondant à chacun des 5 mois de l'hiver (novembre à mars)

Europe

Amiens (France	— 5°9
Gembloux (Belgique)	— 5°9
Cologne (Allemagne)	— 4°6
Halle-sur-Saale	— 8°2
Bombey	— 11°7
Varsovie	— 11°8
Kiew	— 15°4
Poltava	— 16°4

Etats-Unis

Pittsbourg	— 12°7
Chicago	— 17°2
Denver	— 17°7
Saint-Louis	— 13°24

Comme on le voit, les hivers sont plus froids et les étés plus chauds en Amérique qu'en Europe.

Ces deux facteurs, pluie et température, ont une grande influence sur la répartition des cultures aux Etats-Unis.

Population. On ne saurait parler de l'Amérique sans évoquer cette multiplicité de races, de nationalités qui se coudoient, qui se heurtent là-bas, mais qui se fondent néanmoins pour constituer la nation américaine.

La population blanche représente 89 à 88 % de la population totale. La population nègre n'en représente que les 11 à 12 %. Dans certains Etats du Sud, il y a plus de 50 % de nègres. Il n'y en a que 3 à 4 % dans certains Etats du Nord.

Les Américains tiennent la race nègre pour une race inférieure, une race paresseuse, et, dans plusieurs états, les mariages entre nègres et blancs sont défendus par la loi.

Il faut dire cependant que les nègres ont leur utilité aux Etats-Unis : ils sont garçons d'hôtel ou de bureau, cireurs de chaussures, ils font le service des trains de voyageurs, ils sont commissionnaires dans les gares de chemins de fer, etc. Ils atténuent, dans une grande mesure, la pénurie de main-d'œuvre qui règne là-bas.

La population blanche a des origines multiples. De 1821 à 1903, le mouvement d'émigration européenne vers les Etats-Unis a été considérable.

Il a amené d'Europe aux Etats-Unis :

7 millions d'Anglais et Irlandais ;
5 millions d'Allemands ;
1.600.000 Suédois et Norvégiens ;
1.600.000 Italiens ;
1.250.000 Russes ;
1.500.000 Austro-Hongrois ;
400.000 Français.

Tous se sont fondus peu à peu dans la nation américaine.

A l'heure actuelle, les immigrants sont surtout originaires d'Autriche, de Russie, et les Slaves (Polonais, Tchèques) en forment une partie importante.

Au milieu de toutes ces nationalités, l'Anglais, qui ne se laisse pas absorber facilement par l'élément extérieur, a su imposer sa langue, ses habitudes, et c'est la langue anglaise qui est, en somme, la langue nationale.

Dans la région des grands lacs, à Chicago, à New-York, dans l'Atlantique-Nord, dans le Colorado, il y a cependant beaucoup d'Allemands immigrés qui, naturellement, savent parler leur langue, mais qui se servent couramment de la langue anglaise.

Vers le sud, on parle plutôt espagnol.

Beaucoup de jeunes filles américaines viennent à Paris pour apprendre le français. Ainsi s'explique en partie pourquoi beaucoup d'Américaines parlent notre langue. Elles apprécient d'ailleurs les modes et les arts de notre pays.

*****

En Amérique, il n'y a pas de monopole pour les chemins de fer. Pour aller d'une ville à l'autre, il y a souvent plusieurs lignes appartenant à des Compagnies différentes.

Les trains ordinaires ne comportent qu'une classe. Les voitures sont très longues et ne sont pas divisées en compartiments. Quand on a de grands trajets à faire, on peut prendre les trains Pullmann, qui sont des trains de luxe à grande vitesse et qui comportent des « parlor cars » ou des « sleeping cars », et des « dinning cars ». On y trouve de petites bibliothèques, des machines à écrire. Le service y est fait par des nègres.

Les nouvelles gares de New-York, de Washington, de Chicago, dépassent en étendue, en luxe d'aménagement et de confortable ce qu'on voit dans les plus belles gares de l'Europe.

La ville de Washington ne possède pas de grande industrie. C'est en quelque sorte une ville officielle. Le Capitole ou Palais Législatif, la Maison Blanche (où nous avons été reçus par le Président

Taft), les Ministères et les autres monuments publics en forment
le noyau. On n'y voit point de maisons « gratte-ciel » comme à
New-York ou à Chicago ou à Denver.

Tous les Etats ont leur Capitole ; à Washington, à Madison, à
Denver, ils ressemblent, dans leurs grandes lignes extérieures, au
Panthéon français, mais possèdent un frontispice sur les quatre
faces et ont vue, de chaque côté, sur de grandes avenues. Là-bas,
on ne ménage pas la place, on taille dans le drap.

Le peuple américain n'a pas encore une histoire bien longue.
L'objet des monuments publics s'en ressent : presque tous sont con-
sacrés à Christophe Colomb, à Washington, à La Fayette, à la
guerre de l'Indépendance.

Beaucoup de villes construisent de grands musées et font de
nombreux achats en Europe pour les meubler.

A cause des nombreuses et puissantes industries qui existent
aux Etats-Unis, la population ouvrière y est nombreuse. Elle a son
jour de manifestation annuelle : c'est le premier lundi de septembre.
J'étais à New-York au moment du *labor day*. Les magasins étaient
fermés. Nous avons assisté, pendant des heures, à un défilé des différents corps de métier. Sur un écriteau que portait l'un des membres
marchant en tête, on voyait les principales revendications de chaque
corps de métier. Chacun des membres portait un drapeau américain
Le défilé avait lieu sous l'œil de la police. Il ne donna lieu à aucun
désordre.

III. — ITINERAIRE DU VOYAGE

On peut voir sur la carte l'itinéraire que j'ai suivi pour faire mon
voyage.

Je suis allé de New-York à Denver, par la route du Sud, en pas-
sant par Philadelphie, Harrisbourg, Indianapolis, Saint-Louis,
Kansas-City, Pueblo, Denver, et je suis revenu par la route du
Nord, c'est-à-dire par Omaha, Des Moines, Chicago, Détroit, les
Gorges du Niagara, New-York.

Je ne fais que mentionner le voyage que nous avons fait à
Washington pour assister à l'inauguration du Congrès de chimie
appliquée.

New-York est le grand centre d'importation et d'exportation des
Etats-Unis. Sa population grandit tous les jours et dépassera bientôt
celle de Londres. La ville a 56 kilomètres de longueur ; elle est en
quelque sorte resserrée entre l'Hudson et un bras de la mer, ce
qui l'empêche de s'élargir.

Le quartier des affaires se trouve non loin du port. On y installe
des bureaux de plus en plus nombreux, dans des maisons de 20,
30 étages, dont quelques-unes ressemblent à des cathédrales, et dont
les tours ont jusqu'à 52 étages. Tous les étages en sont desservis par

2

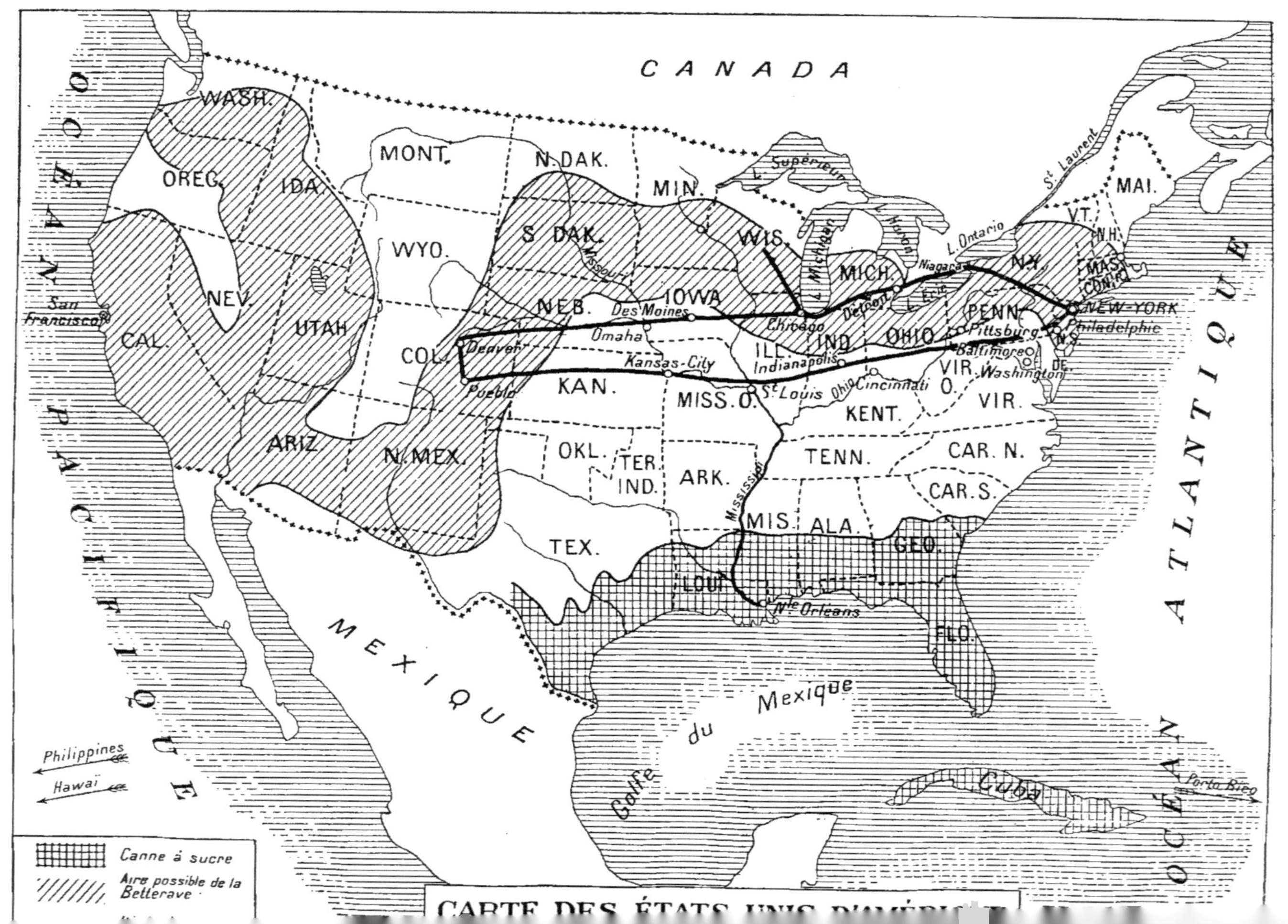

CANADA
MEXIQUE
OCÉAN PACIFIQUE
OCÉAN ATLANTIQUE
WASH.
OREG.
IDA.
MONT.
N. DAK.
MIN.
WYO.
S. DAK.
WIS.
MICH.
NEV.
UTAH
NEB.
IOWA
CAL.
COL.
KAN.
ILL.
IND.
OHIO
PENN.
N.Y.
MAI.
VT.
N.H.
MASS.
CONN.
ARIZ.
N. MEX.
OKL.
TER. IND.
ARK.
MISS. O.
KENT.
VIR. O.
VIR.
DE.
TEX.
MIS.
ALA.
GEO.
CAR. N.
CAR. S.
TENN.
LOUI.
FLO.
San Francisco
Denver
Pueblo
Omaha
Des Moines
Kansas-City
Chicago
Indianapolis
St Louis
Cincinnati
Détroit
Pittsburg
Baltimore
Washington
New-York
Philadelphie
Nle Orleans
L. Supérieur
L. Michigan
L. Huron
L. Ontario
L. Erié
Niagara
Missouri
Mississipi
Ohio
St Laurent
Golfe du Mexique
CUBA
Porto Rico
Mexique
Philippines
Hawai
Canne à sucre
Aire possible de la Betterave
CARTE DES ÉTATS-UNIS D'AMÉRIQUE

de grands ascenceurs à marche rapide ; on y entend le cliquetis des machines à écrire. L'écriture à la main est inconnue dans les bureaux.

Les grandes banques y occupent des maisons fort élevées et souvent fort luxueuses.

L'Hôtel de Ville où fut proclamée l'indépendance des Etats-Unis ; le Palais où Washington fut élu Président de la Fédération ; les églises de New-York ; les nouveaux édifices publics : le Musée des Arts, la Bibliothèque, le Palais de la Douane, enfin tous les monuments de style, jurent un peu à côté de ces *gratte-ciel* new-yorkais, aux charpentes métalliques qui enserrent des murs en briques, et sont quelquefois recouverts de briques vernissées. Et ce qui ajoute encore au contraste, c'est que les façades des maisons de commerce n'ont pas toutes la même couleur.

Les nouveaux hôtels-restaurants, aussi bien à New-York qu'à Chicago et à Washington, sont très vastes et très confortablement installés. Grâce à leurs nombreux étages, desservis par de multiples ascenseurs, ils peuvent loger beaucoup de personnes. A cause de la difficulté de trouver de la main-d'œuvre domestique, beaucoup de familles bourgeoises y retiennent des appartements et y prennent pension. Au moment de la saison chaude, les terrasses qui forment le toit des hôtels sont très fréquentées ; on y jouit d'une vue étendue et on y sent mieux la fraîcheur du soir.

Le Broadway est l'avenue de New-York la plus longue et la plus animée. On y voit de grands magasins dont beaucoup ressemblent aux grands magasins parisiens.

De chaque côté de l'Hudson sont de nombreuses villas, où beaucoup de New-Yorkais habitent pendant l'été.

Les clubs jouent un grand rôle dans la vie américaine. Avec M. Aulard. j'ai visité, à New-York, le club de l'Université, un des plus réputés de New-York. Il a son siège dans un hôtel très luxueusement installé. Rien n'y manque : appartements pour les membres du club qui veulent y loger. bibliothèques et salles de lectures spacieuses. piscine. bains électriques, etc. Des machines à glace permettent, au moment des grandes chaleurs. de maintenir une température fort agréable dans toutes les salles. Nous avons apprécié comme il convient cette installation, car à New-York, aussi bien qu'à Washington. il faisait très chaud au moment de notre passage.

La ville de New-York continue à se développer.

*
* *

En avançant sur la route de Saint-Louis, on traverse d'abord la région de l'Atlantique-Nord. De chaque côté de la voie, on aperçoit de nombreuses pâtures et un maigre bétail. Le pays ne semble pas très bien cultivé : on y produit surtout du lait, du beurre, du fromage, etc., qui servent à alimenter les grands centres industriels situés dans le voisinage.

Bientôt, on entre dans la région des Alleghanys, la région, par excellence, des mines de charbon et de l'industrie métallurgique. A chaque instant, on croise des trains de 60, 70, 80 et 90 wagons, qui transportent du charbon, du coke, du minerai, etc., et on aperçoit des aciéries, des usines métallurgiques, des hauts fourneaux.

Les trains express ne s'arrêtent pas pour donner de l'eau à leur locomotive ; ils en prennent, pendant la marche, dans un courant d'eau qui, de distance en distance, coule sur une certaine longueur entre les rails de la voie.

La région houillère de l'Est est fort étendue. Elle comprend plusieurs bassins, d'où on extrait la plus grande partie de la houille des Etats-Unis. Malgré le prix élevé de la main-d'œuvre, et grâce aux progrès accomplis là-bas dans les méthodes d'extraction, le charbon, pris sur le carreau de la mine, coûte moins cher qu'en France.

D'autre part, les grands trains de marchandises, dont les voitures à vidange inférieure contiennent 25 tonnes, permettent d'effectuer les transports avec moins de frais par tonne kilométrique.

Cette région houillère se trouve non loin de la région sucrière des Grands Lacs. Elle peut lui fournir, sans grands frais de transport, les charbons dont elle a besoin et, en fait, le charbon rendu fabrique y coûte moins cher qu'en France.

A partir d'Indianapolis et jusqu'au 100e degré de longitude qui passe à Kansas-City, s'étend la région Centre-Nord, qui représente la vraie région agricole des Etats-Unis. On y cultive des céréales, des plantes fourragères, quelquefois des betteraves ; on y engraisse du bétail. Dans presque toutes les gares, on voit de nombreux wagons réfrigérants, qui servent à transporter les produits altérables (beurre, crème, etc.).

A Saint-Louis, une bonne partie de la population est nègre ; un quartier de la ville lui est réservé. Le pont sur le Mississipi est imposant par sa grandeur.

De Kansas-City à Pueblo, la route est fort longue. Parti de Kansas-City à 8 heures du matin, j'arrive à Pueblo le lendemain dans la matinée.

C'est une zone semi-aride. De chaque côté de la voie, on aperçoit des plaines immenses où on a délimité des pâtures qui nourrissent des troupeaux de bœufs, de vaches, de moutons, de chevaux, de porcs. Le plus souvent, on n'y voit ni arbres, ni champs cultivés. Au coin de la pâture, se trouve généralement une petite maison pour le surveillant ou le gérant ; un moulin à vent élève l'eau d'un puits pour les besoins journaliers. Il y a peu de villages ; il n'y a que de petits groupes de maisons, d'aspect souvent agréable, disposées autour des gares et accompagnées de quelques arbres.

A côté des gares sont des emplacements entourés de barrières, où on laisse le bétail qui attend le départ, et qui peuvent communiquer avec des estacades à hauteur des wagons. L'embarquement se fait ainsi plus facilement. Le bétail de boucherie est expédié aux abattoirs de Omaha, de Kansas-City, etc.

Rien qu'à l'aspect des pâtures, on voit que les pluies font défaut. Quand on peut donner de l'eau à la terre, ce qui arrive au bord des rivières, la végétation change et la verdure apparaît.

Si ces régions arides sont déjà traversées par des chemins de fer, c'est qu'elles se trouvent sur les grandes voies qui relient New-York ou Chicago à San-Francisco.

A mesure qu'on approche de Denver, dans l'Etat de Colorado, les champs cultivés augmentent en nombre et en étendue. Le Gouvernement des Etats-Unis et les Etats intéressés font de grands frais pour capter en des lacs artificiels les eaux de pluie et de neige des Montagnes Rocheuses, et les déverser aux alentours. Les irrigations transforment complètement le pays et permettent d'étendre de plus en plus la culture des céréales et de la betterave.

Dans le Colorado, le long des Montagnes Rocheuses, se trouve aussi un bassin houiller, moins étendu que celui de l'Est, mais qui est aussi très important. C'est là que s'alimentent les fabriques du Colorado et des Etats voisins. Le coke et le charbon y sont souvent moins chers qu'en France.

Denver, qui est une ville nouvelle, sert de passage à de nombreux touristes qui vont dans les Montagnes Rocheuses.

Dans le Colorado (Gréely, Fort Collins), l'Iowa (Ames), le Wisconsin (Janesville), etc., les petites villes sont d'aspect riant et agréable, à cause de leurs larges rues bordées d'arbres et de pelouses, de leurs maisons isolées, entourées de jardins et ressemblant à des chalets normands ou à des chalets suisses.

La ville de Chicago a maintenant plus de deux millions d'habitants. Les grandes artères y paraissent encore plus animées qu'à New-York. Inutile de signaler à cette place, ses grands édifices, ses grands magasins, ses grandes banques. Chicago est surtout connu dans le monde agricole par ses Stocks Jards ou abattoirs. C'est par dizaines de milliers qu'il faut chiffrer le nombre des animaux : porcs, moutons, bœufs, qui y arrivent chaque jour et qui y sont transformés en produits de charcuterie ou en viandes frigorifiées destinés à l'exportation.

Madison (capitale du Wisconsin) n'a point de hautes maisons comme Chicago, New-York ; elle a son Capitole, qui occupe un emplacement très étendu.

Les chutes du Niagara (30 mètres de hauteur), se trouvent à la frontière canadienne, entre le lac Erié et le lac Ontario. Elles sont alimentées par plusieurs bras du large fleuve Saint-Laurent, à un endroit où celui-ci change brusquement de direction (à angle droit). Elles sont fort imposantes par le volume d'eau qui les forme, mais, comme les bords du fleuve sont peu accidentés et peu boisés, comme les chutes se produisent sur une hauteur à peu près régulière et sans grandes cascades apparentes, elles ne donnent pas une impression en rapport avec leur étendue.

IV — AIRE DE LA BETTERAVE A SUCRE

Bien que nouvellement introduite dans le pays, la betterave à sucre y occupe déjà un domaine très étendu, quoique très éparpillé. Il est, en tout cas, intéressant de fixer par des données de statistiques les progrès qu'a faits, aux Etats-Unis, l'industrie du sucre de betterave. Voici quelques chiffres qui renseignent à ce sujet :

ANNEES	Nombre d'usines	Production annuelle en tonnes de 1.016 kg.	Hectares ensemencés	Production moyenne de sucre par hectare
1888-89.........	2	1.861	»	»
1890-91.........	3	3.459	»	»
1891-92.........	6	5.356	»	»
1896-97.........	7	37.536	»	»
1897-98.........	9	40.399	»	»
1898-99.........	15	32.471	»	»
1899-00.........	31	72.944	»	»
1900-01.........	34	76.859	»	»
1901-02	39	163.126	»	»
1902-03.........	44	195.463	»	»
1903-04.........	53	208.135	»	»
1906-07.........	63	433.010	»	»
1909-10.........	65	450.595	»	»
1911-12.........	67	541.101	214.889	2.557 kg.
1912-13.........	73	626.000	254.507	2.494 ---
Sucre de canne				
1909-10.........	»	352.000	»	»
1910-11.........	»	306.000	»	»
1911-12.........	»	316.000	»	»

Ces chiffres montrent que la production moyenne de sucre par hectare s'élève à environ 2.500 kilos. Elle est donc moins élevée qu'en France.

Ils montrent aussi que la production par usine est plus élevée qu'en France. Alors que les fabriques françaises produisent en moyenne 30.000 à 35.000 sacs de sucre, les fabriques américaines en produisent en moyenne 80.000. Il faut dire que les campagnes américaines durent souvent plus de trois mois.

Quant à la production du sucre de canne, elle reste à peu près stationnaire. Cantonnée sur les bords du golfe du Mexique, elle se tient aux environs de 300.000 tonnes.

Les fabriques de sucre de betterave sont en quelque sorte disposées par îlots qui sont en général très éloignés les uns des autres, mais qui représentent des jalons indiquant le domaine à conquérir.

Les Etats qui sont situés sur la grande ligne de New-York à San-Francisco, possèdent, presque tous, une ou des fabriques de sucre.

Voici, d'ailleurs, comment se répartissent les 73 fabriques américaines, avec les quantités de sucre qu'elles produisent :

	Nombre des fabriques en 1912-13	Sucre produit en 1911-12 en tonnes de 1.016 kg.	Hectares ensemencés		Sucre produit par hectare en 1911-12
			en 1911	en 1912	
Région des grands lacs :					
Ohio	5	16.332	8.800	13.200	1.884 kg.
Michigan	16	119.790	61.080	57.960	1.991 —
Wisconsin	4	17.857	12.800	9.600	1.417 —
Avant les Montagnes Rocheuses :					
Nebraska	2	15.347	6.366	8.600	2.448 —
Colorado	17	111.703	44.186	67.520	2.567 —
Dans le voisinage et au delà des Rocheuses :					
Utah	6	49.821	13.012	15.114	3.888 —
Idaho	4	23.866	6.880	8.539	3.530 —
Californie	11	146.357	41.849	48.720	3.550 —
Indiana (1)	1				
Illinois	1				
Minnesota	1				
Iowa	1				
Montana	1	40.028	13.975	10.925	2.326 —
Kansas	1				
Arizona	1				
Oregon (2)	1				
Nevada	1				
Totaux	73	541.101	254.507	214.899	»

Si on réunit par une ligne générale les fabriques des Etats-Unis,

(1) Les Etats possédant une seule fabrique sont placés dans l'un ou l'autre des trois groupes précédents.
(2) N'a pas marché en 1912.

on voit que cette ligne passe à peu près par les points qui, pendant les trois mois d'été (juin, juillet et août) ont une température moyenne (jour et nuit) de 70° Fahrenheit, soit environ 22 à 23° centigrades.

Il semble bien que la culture de la betterave pourrait s'étendre de chaque côté de cette ligne, à une distance d'environ 160 kilomètres.

A un autre point de vue, on voit que les fabriques américaines peuvent être rapportées à deux grandes régions : la région des grands lacs, où on ne fait pas d'irrigation, et la région avoisinant les Rocheuses, où on fait de l'irrigation.

C'est dans cette dernière que la production obtenue par hectare est la plus élevée : elle atteint 2.500 kilos (Colorado), 3.500 kilos (Californie), 3.900 kilos (Utah).

Dans la région des grands lacs, la production moyenne de sucre par hectare, du moins dans les Etats qui ont plusieurs fabriques, reste généralement au-dessous de 2.000 kilos par hectare.

Pour faciliter la comparaison, je rappelle à cette place les productions européennes :

	Superficie ensemencée en 1908-09 (en hectares)	Nombre des usines en 1908-09	Tonnes de sucre brut produites en 1908-09	Travail moyen de chaque usine en 1908-09 (chiffre rond en sacs)	Kilog. de betteraves récoltés par hect. Moyennes de 10 ans 1899-1909 (en kilog.)	Sucre brut extrait par 100 kilog. de betteraves Moyennes de 10 ans 1899-1909 (en kilog.)	Sucre brut extrait par hectare Moyennes de 10 ans 1899-1909 (en kilog.)
France........	214.780	251	775.100	31.000	28.181	12,84	3.611
Allemagne...	434.886	358	2.080.000	58.000	29.670	15,49	4.577
Aut.-Hongr..	330.230	204	1.390.000	68.000	24.206	15,02	3.638
Belgique.	57.250	81	257.000	32.000	30.340	13,97	4.228
Hollande.....	48.450	27	211.500	78.000	26.499	14,47	3.830
Russie........	556.200	277	1.262.250	45.000	14.465	14,00	2.025

V — CULTURE DE LA BETTERAVE

TERRES

En général, les terres livrées à la culture de la betterave sont des terres d'alluvion ou des terres de limon et surtout des terres sablo-argileuses profondes. Elles sont plutôt légères et faciles à travailler. Au surplus, quand elles ont été labourées avant l'hiver, les grands froids les délitent, les divisent et les façons aratoires n'en sont que plus faciles au printemps.

Dans certaines régions, les terres livrées à la culture de la

betterave sont des terres « *salines* » ; les betteraves n'en sont que
plus impures et donnent plus de mélasse.

Si on doit faire de l'irrigation, on recherche les champs ayant
une certaine pente.

En général, on considère comme bonnes terres à betteraves celles
qui donnent une bonne récolte de maïs des Indes ou de blé ou de
pommes de terre.

ASSOLEMENTS

Il n'y a pas, comme dans les pays européens à culture intensive,
de règles bien étroites qui précisent l'assolement suivi. Il faut même
dire que, dans les régions à betteraves, les bénéfices qu'on a réalisés
au cours des dernières années, ont rendu les assolements encore
plus irréguliers.

Je veux cependant donner quelques exemples pour fixer les
idées et montrer qu'on se rapproche parfois de l'assolement qua-
driennal ou de l'assolement triennal, quoique cependant, dans certaines fermes, on cultive plusieurs années de suite la betterave dans
le même champ.

D'après M. Wiley, la betterave peut donner de bons résultats
après la luzerne, ou le maïs ou les céréales. On adopte, quelquefois,
l'assolement suivant :

1. Blé ;
2. Betteraves ;
3. Trèfle ;
4. Trèfle (dernière récolte en-
fouie par un labour) ;
5. Pommes de terre ;
6. Blé ;
7. Betteraves.

Quand les conditions de culture le permettent, on introduit la
luzerne dans l'assolement.

Voici quelques assolements suivis dans les régions visitées :

Colorado

Première ferme :

1. Betteraves ;
2. Blé de printemps ou pois ;
3. Luzerne ;
4. Betteraves.

Deuxième ferme :

Blé (deux ans) ;
Luzerne (deux ans) ;
Betteraves (deux ans) ;
Blé (deux ans) ;
Luzerne (deux ans).

Iowa

1. Maïs ;
2. Maïs ;
3. Avoine avec engrais vert ou
blé ;
4. Betteraves.

1. Betteraves ;
2. Blé, avoine ou orge ;
3. Pommes de terre ;
4. Maïs.

Michigan

1. Betteraves ;
2. Avoine ;
3. Blé.

Wisconsin

1. Choux ;
2. Choux ;
3. Betteraves ;
4. Avoine et trèfle.

1. Trèfle rouge ;
2. Pommes de terre ou carottes ;
3. Betteraves ;
4. Céréales.

Dans le Colorado et d'autres Etats, il y a nombre de cultivateurs qui, en employant chaque année un peu de fumier, ont pu cultiver la betterave cinq, six et dix années consécutives, sans constater une diminution sensible des rendements.

D'une façon générale, on proclame que l'introduction de la culture de la betterave a augmenté les rendements des céréales.

Il en a, d'ailleurs, été de même en Europe.

ANIMAUX ET BETAIL

A mesure que l'Amérique a augmenté le nombre de ses habitants cultivateurs, le système pastoral a été peu à peu remplacé par un système de culture de moins en moins exclusif.

Dans la région des Grands Lacs, où sont venus les premiers émigrants cultivateurs, la surface réservée aux plantes cultivées s'est agrandie peu à peu ; mais à l'heure actuelle, les fermes ont encore, dans cette région, une proportion élevée de pâtures et un bétail relativement nombreux.

Il en est de même, et à plus forte raison, dans les régions où, grâce à l'irrigation, on étend peu à peu les terres cultivées.

Comme les conditions sont très variables d'une région à l'autre, je ne citerai que quelques chiffres pour fixer les idées.

Dans la région du lac Michigan, certaines fermes ont 38 à 40 vaches par 100 hectares cultivés et possèdent 15 à 20 % de pâtures et bois, sans compter les soles fourragères que comporte la rotation suivie. Le lait produit alimente des laiteries, beurreries coopératives.

Dans l'Iowa, il y a, pour 100 hectares cultivés, jusqu'à 150 animaux (chevaux, vaches, moutons, porcs). Pendant les mois très froids de l'hiver, le bétail est gardé à l'étable et produit le fumier qu'on mettra sur les champs à ensemencer.

Les travaux des champs sont toujours faits avec des chevaux. Les bœufs ne servent qu'à produire de la viande.

Dans les pâtures, on voit des chevaux, des vaches, des porcs, des moutons. C'est dire que l'élevage du cheval et le travail du cheval coûtent probablement moins cher que dans les pays à culture intensive.

Ceci a son importance au point de vue des labours, hersages, binages à la houe, à donner à la betterave.

FUMURE DONNEE A LA BETTERAVE

Parmi les terres livrées à la culture de la betterave, il y en a beaucoup qui sont, en quelque sorte, des terres neuves, où on peut ramener la betterave plusieurs années de suite (voir plus haut).

D'une façon générale, on donne à la betterave du fumier ou des engrais verts (et encore pas toujours), mais peu ou point d'engrais chimiques.

Dans l'Etat d'Iowa, par exemple, la fabrique de sucre recommande à ses cultivateurs d'employer, au printemps, 100 livres par acre, d'un engrais contenant 2 % d'azote, 8 % d'acide phosphorique, 7 % de potasse. Cela fait, par hectare, 2 kil. 500 d'azote, 10 kilos d'acide phosphorique et 8 kilos de potasse. Cet engrais n'a d'ailleurs pour but que d'activer la première végétation.

Dans la région du lac Michigan, certaines fermes emploient quelquefois, par hectare : 200 kilos de nitrate, 125 kilos de superphosphate et un peu de potasse, mais cela n'est pas général.

Dans le Colorado, il est bien rare qu'on ait recours aux engrais chimiques.

GROS LABOUR

Les façons aratoires sont à peu près les mêmes qu'en Europe, sauf celles que nécessitent l'irrigation. Pour les pratiquer, on emploie à peu près les mêmes instruments qu'en Europe.

Dans le Colorado, il s'est constitué une Société en vue de faire avec une charrue à vapeur, le gros labour qui précède la betterave.

La charrue en question est une charrue à cinq disques : elle est attelée à un tracteur de 60 à 70 chevaux. Pour éviter les patinages, les roues qui portent le tracteur sont très larges. On l'a fait marcher en ma présence. Le prix du labour varie quelque peu avec la nature du sol, avec la profondeur sur laquelle il porte ; mais il ne s'écarte pas beaucoup de 22 à 25 francs par hectare.

Dans l'un des collèges d'agriculture que j'ai visités, j'ai pu voir la charrue Spalding à deux disques, qui peut servir aussi à faire le gros labour pour betteraves, mais qui est actionnée par des chevaux.

Cette charrue comporte, essentiellement, deux disques de 0 m. 60 de diamètre, supportés par un bâtis à trois roues. Le premier disque retourne la couche superficielle dans le sillon précédent ; le deuxième disque travaille la couche profonde et la retourne, tout en la divisant et en la mélangeant avec la couche superficielle.

Beaucoup de cultivateurs, enfin font le gros labour avec une charrue ordinaire derrière laquelle vient une sous-soleuse.

En général, le gros labour est fait à l'automne. Si on n'a pu le faire avant l'hiver, on le fait le plus tôt possible, au printemps. On estime que le sol conserve mieux son humidité si la terre a été retournée par un temps froid et qu'il est bon de provoquer, avant la semaille des betteraves, la germination des mauvaises herbes. On pourra les détruire plus facilement par les façons ultérieures.

Rien de particulier à dire au sujet des façons culturales (façons à la traîneuse), hersage, roulage, qui précèdent la semaille. J'ai déjà dit que le sol est plus facile à travailler aux États-Unis qu'en France.

SEMAILLE

Dans les régions que j'ai visitées, on sème le plus tôt possible, généralement entre le 15 avril et le 15 mai, et quelquefois plus tard.

Souvent, c'est la fabrique qui fournit le semoir.

On a fait, aux États-Unis, de nombreux essais, pour étudier l'effet de l'écartement des lignes et des pieds sur la ligne, sur le rendement de la récolte. Les résultats obtenus ont confirmé les observations déjà faites en Europe et, surtout, par Pagnoul, en France.

Quand les lignes et les pieds sur la ligne sont plus rapprochés, les betteraves sont plus riches, plus pures, et donnent, jusqu'à une certaine limite, plus de sucre par hectare.

Quand le nombre des pieds par hectare diminue, les betteraves sont plus grosses, portent généralement un collet plus développé, ont un jus moins pur et donnent lieu à une évaporation plus grande par le sol. Cette dernière observation explique pourquoi, en serrant davantage les lignes et les plants, on peut retenir plus d'eau dans la terre et éviter plus facilement, avec les terres fortes, la formation de croûtes superficielles.

L'écartement adopté varie suivant qu'on fait de l'irrigation ou qu'on n'en fait pas.

Dans le premier cas, on laisse généralement 50 à 55 centimètres entre les lignes et 20, 25 et 30 centimètres entre les betteraves sur les lignes ; dans le deuxième cas, on laisse 40 à 45 centimètres entre les lignes et 20, 25 et 30 centimètres entre les betteraves sur la ligne.

On attache une grande importance à la profondeur du semis.

Si la semence était placée trop profondément et qu'il pleuve ou fasse froid, il y aurait danger qu'elle dépérisse. Au contraire, si elle était placée trop superficiellement, il pourrait arriver qu'elle manque d'humidité.

De toute façon, pour lui assurer assez d'humidité en vue de la germination, on presse la terre qui l'entoure en munissant le semoir de petits rouleaux presseurs qui suivent les tuyaux distributeurs.

J'ai dit plus haut, que dans certaines régions, on emploie, au moment de la semaille, une faible dose d'engrais chimique ; mais ce n'est pas général.

FAÇONS ARATOIRES APRÈS LA SEMAILLE

Comme en Europe, on cherche, à partir du moment de la semaille et par des façons aratoires répétées, à maintenir la couche arable dans un bon état d'humidité. On estime que l'humidité qui arrive peu à peu à la plante est plus efficace que l'eau d'irrigation ; mais on est souvent obligé d'avoir recours à cette dernière.

Si une croûte se forme sur le sol avant que les jeunes plantes sortent de terre, on la brise avec un rouleau léger ou une herse légère. Les empreintes laissées par les roues-presseuses des semoirs indiquent la direction à suivre.

On roule quand on voit les lignes de betteraves sur le champ ; et ce, pour presser la terre autour des racines latérales.

Il en résulte un appel d'humidité qui fortifie ces dernières.

On se base sur le nombre de feuilles des jeunes plants pour fixer le moment de la mise en bouquets et du démariage. On fait la mise en bouquets une semaine après le moment où on voit quatre feuilles sur un bon nombre de plants ; mais on n'attend pas que tous les plants aient quatre feuilles.

La mise en bouquets et le démariage constituent, le plus souvent, deux opérations distinctes qui, cependant, sont faites au même moment, mais l'une après l'autre. Elles sont précédées d'un binage·

On fait, généralement, deux binages à la main et trois à la machine. Les fers latéraux de la houe passent près des lignes de betteraves au premier binage ; ils s'en écartent davantage au deuxième et encore davantage au troisième. Par contre, le dernier binage est plus profond que le premier et le deuxième.

IRRIGATIONS

Dans les régions où on irrigue la betterave, les façons aratoires sont un peu compliquées. Je veux en dire quelques mots.

Dans le Colorado, par exemple, on a capté, à grands frais, en des lacs artificiels, les eaux de pluie et de neige qui s'écoulent de la région des Montagnes Rocheuses.

De ces lacs, partent de larges canaux qui se dirigent vers les terres à irriguer et se ramifient ensuite en canaux plus petits.

Les lignes d'irrigation sont perpendiculaires aux canaux d'amenée de l'eau, ou bien en dérivent sous une certaine inclinaison. Elles sont parallèles entre elles et occupent, sur le champ, une longueur de 500 à 700 mètres, puis vient un nouveau canal distributeur, parallèle au premier.

Un roulement est établi entre les abonnés et ceux-ci sont informés, à temps, des heures auxquelles ils recevront de l'eau pour leurs champs. Pour chaque irrigation, on donne l'eau pendant, au plus, 30 minutes et, quelquefois, pendant 15 minutes seulement. On laisse arriver l'eau sur le champ jusqu'à ce qu'elle touche l'extrémité des lignes d'irrigation.

On détermine, avec une houe spéciale pourvue d'un soc médian, les sillons dans lesquels coulera l'eau d'irrigation.

A la première irrigation, on la fait couler dans les sillons pairs ;

à la seconde, dans les sillons impairs et, après chaque irrigation, on donne une façon aratoire à la main, avec un instrument en forme d'A, cela pour ameublir la terre autour des racines.

Le choix du moment à adopter pour l'irrigation est très important, car l'eau, donnée sans mesure ou à un moment inopportun, peut être nuisible au poids et à la qualité de la récolte.

On irrigue rarement avant la mi-juin et on fait, en tout, deux ou trois irrigations pendant la végétation.

Pour la première, on estime qu'il vaut mieux laisser les betteraves quelques jours à leur soif. Cela les oblige à enfoncer leur pivot et leurs racines pour aller chercher dans les couches profondes l'humidité dont elles ont besoin. Elles peuvent avoir, ainsi, une forme plus allongée.

« Si les feuilles se courbent sous le soleil de midi, il peut être bon de leur donner de l'eau ; mais, si elles restent droites sous la fraîcheur du soir, c'est qu'elles demandent sûrement à boire. »

On admet que la dernière irrigation doit précéder de 20 à 25 jours le moment de l'arrachage. L'irrigation donne lieu, en effet, à un abaissement de la richesse saccharine, qui se poursuit pendant 10 ou 15 jours. Il faut donc laisser à la betterave le temps de reprendre tout au moins sa richesse et, aux impuretés absorbées par la racine, le temps d'émigrer, en grande partie, vers les feuilles.

Le prix de l'irrigation est variable suivant les régions ; il s'élève à 3 dollars, 3 dollars 5 par acre, soit 40 à 43 francs par hectare, et quelquefois moins. Quelquefois, le droit à l'eau d'irrigation entre dans la valeur locative de la terre.

ARRACHAGE

L'arrachage commence dans les premiers jours d'octobre. Il n'y a pas, à l'heure actuelle, d'arracheuses-décolleteuses mécaniques qui soient employées régulièrement. Dans le Colorado, on m'a montré une machine à deux socs, qui soulève simplement les betteraves.

L'arrachage est fait, en général, par les ouvriers qui exécutent les façons culturales.

D'ailleurs, la meilleure preuve qu'on puisse donner qu'il n'y a pas d'arracheuse-décolleteuse qui réponde aux besoins, c'est qu'une des plus grandes Sociétés sucrières de l'Amérique a institué dernièrement un prix important pour récompenser la meilleure arracheuse qui se présenterait.

TRANSPORT DES BETTERAVES

Le transport est généralement fait au moyen de voitures et de chevaux et par les soins du cultivateur. Dans certaines régions, cependant, on a essayé des locomotives routières. Les chemins ne sont pas toujours bons.

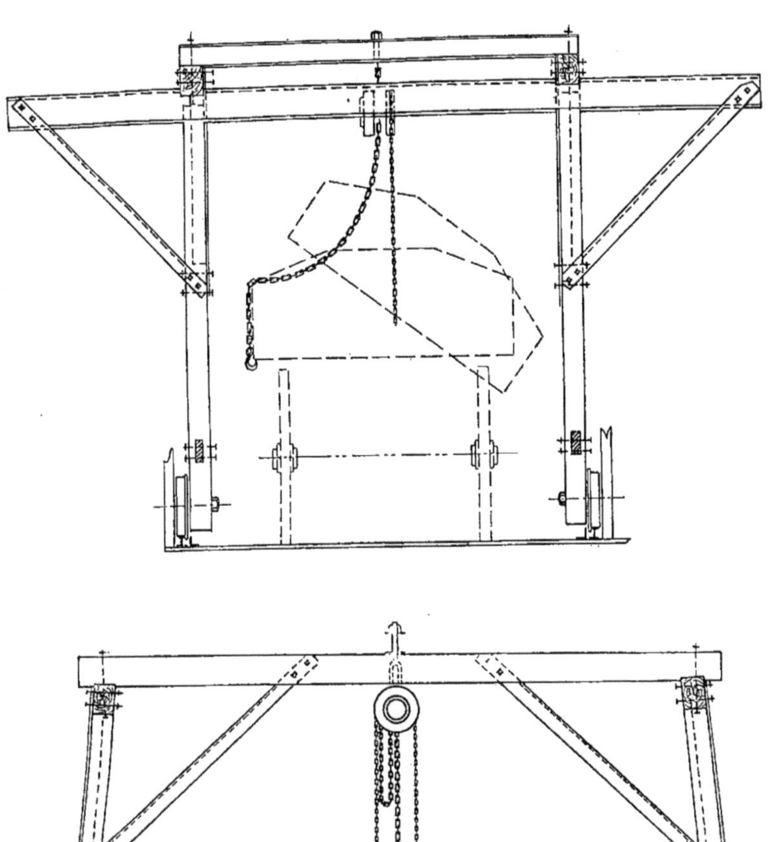

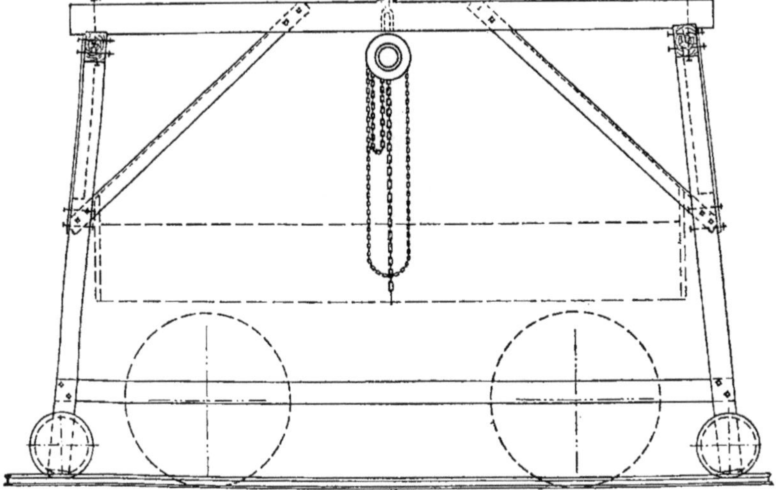

Déchargement des voitures

Fig. 1

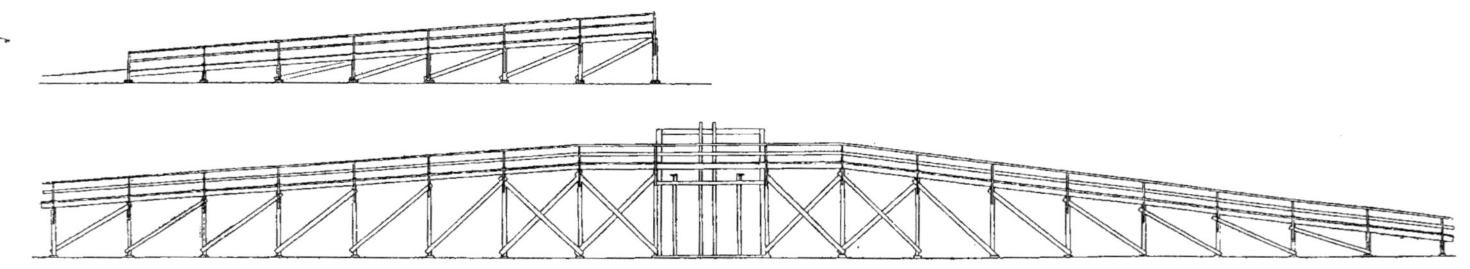

Estacade ou pont de bois pour le déchargement des voitures

Fig. 2

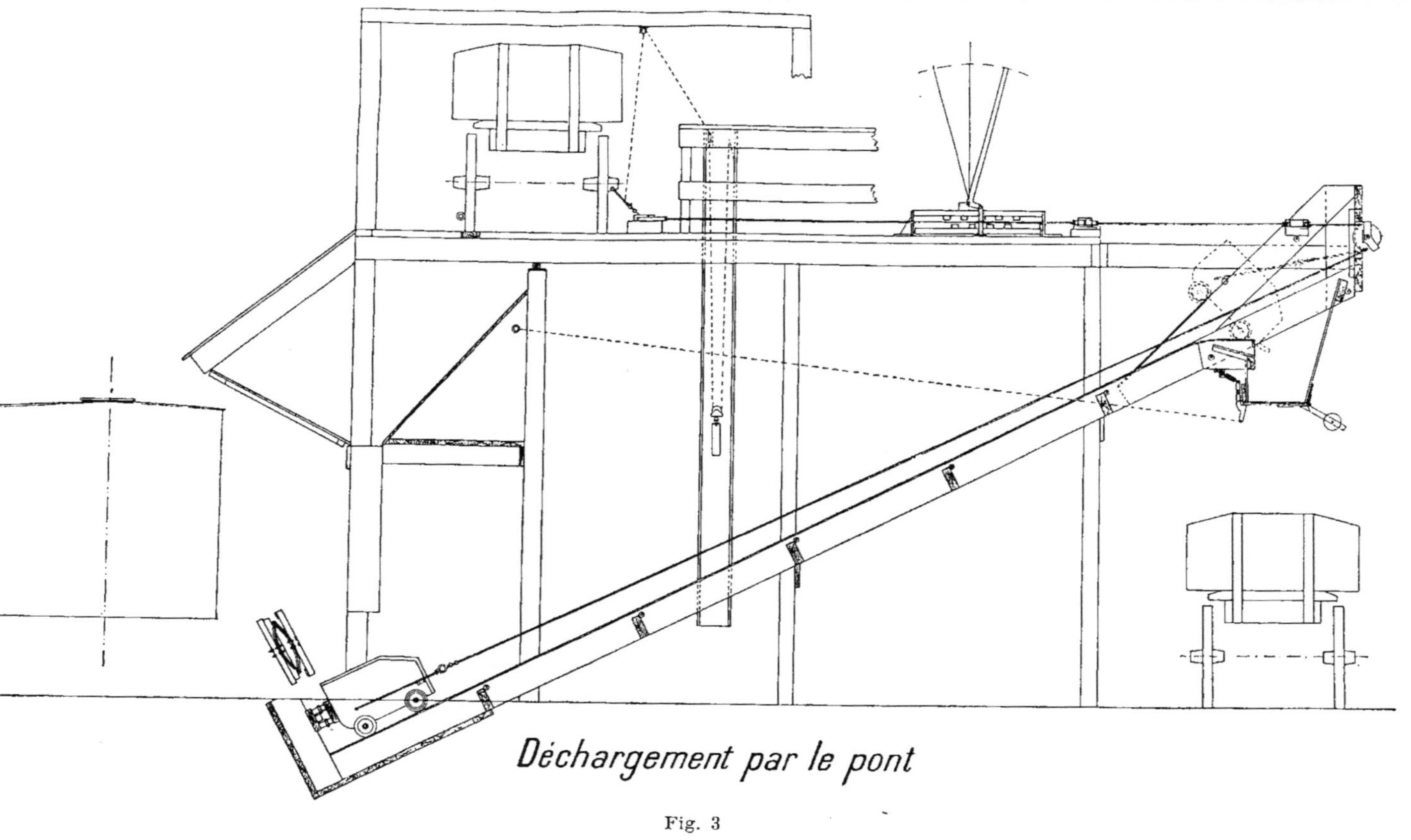

Déchargement par le pont

Fig. 3

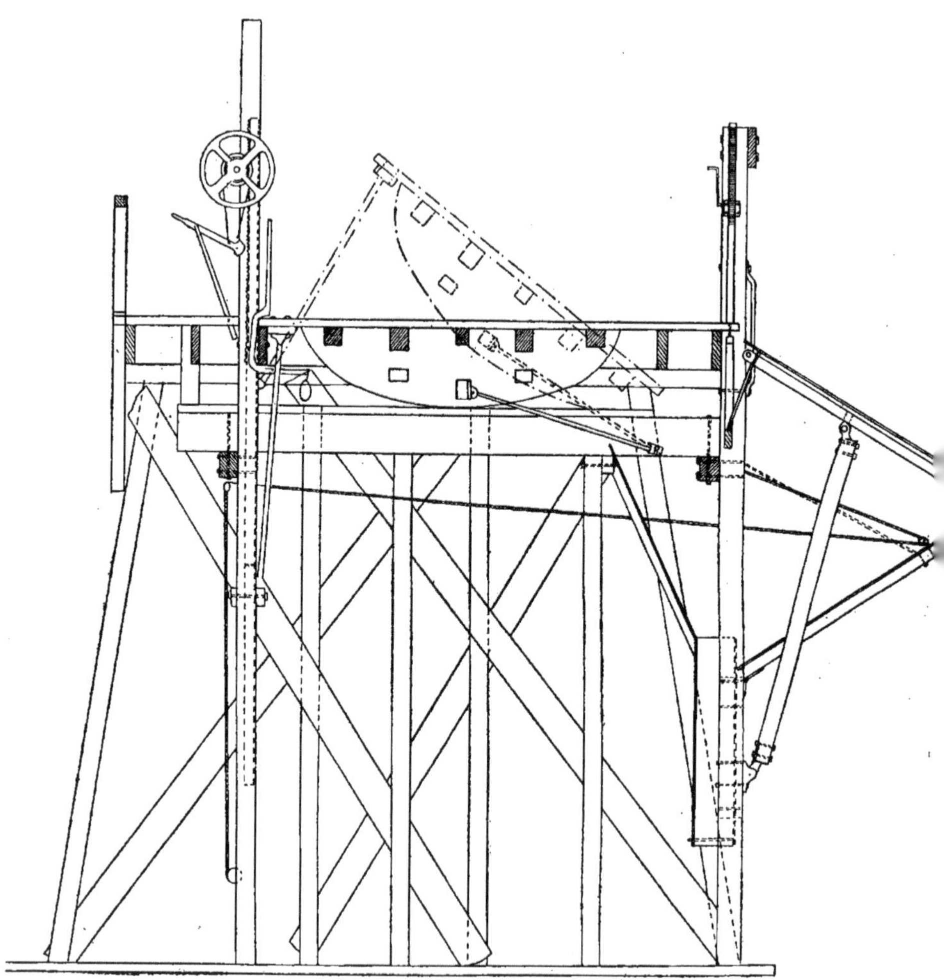

Déchargement à l'aide du pont

Fig. 4

Le chariot américain qui sert à transporter les betteraves, les choux, les pommes de terre, etc., n'est pas construit comme le chariot français. Alors que celui-ci a sa caisse enfoncée entre les roues de derrière et se vide par derrière, le chariot américain a sa caisse surélevée par rapport aux quatre roues et se vide par le côté.

DÉCHARGEMENT DES WAGONS ET CHARIOTS

Dans le Colorado, le déchargement se fait de plusieurs manières, suivant les cas :

1° Les voitures de betteraves qui arrivent directement à la fabrique sont déchargées mécaniquement, grâce à un mouvement d'inclinaison qu'on leur fait subir. Au bord du silo et suivant sa longueur, est installé un rail aérien sur lequel ont peut déplacer un palan. Sur le côté de la voiture, est fixé un anneau auquel on peut attacher le crochet du palan. En tirant sur la corde, on incline peu à peu la caisse, dont on a ouvert, au préalable, la porte latérale, et les betteraves tombent dans le silo. Il est à noter que l'inclinaison n'a de limite que celle à partir de laquelle la caisse basculerait du côté du silo. (Fig. 1.)

Comme les terres à betteraves américaines sont plutôt des terres légères, les betteraves font rarement bloc dans la voiture, même après un parcours de plusieurs kilomètres. Le déchargement n'en est que plus facile.

2° Si les voitures de betteraves arrivent à l'une des bascules de la fabrique, on les décharge immédiatement dans les wagons qui les transporteront à la fabrique.

Dans ce but, il y a une installation spéciale. (Fig. 3 et 4.)

Elle consiste en une estacade en bois de quelques mètres de hauteur et de longueur suffisante pour que la pente d'approche ne soit pas trop rapide. Les voitures pleines de betteraves sont montées par les chevaux sur l'estacade ; on les arrête sur un tablier rectangulaire que supportent deux traverses en forme d'arc. Il suffit d'agir sur un déclanchement pour que le tablier, sous le propre poids de la voiture, s'incline peu à peu en tournant sur ses deux arcs-supports. La porte latérale de la voiture ayant été ouverte, les betteraves tombent d'abord sur une grille inclinée, qui sépare la terre, puis dans le wagon, qu'on a placé au-dessous de l'estacade.

Quant à la terre qui s'est séparée des betteraves, elle tombe dans un petit wagonnet que la voiture en s'en allant fait monter sur une pente inclinée. Le wagonnet déverse son contenu dans un chariot à chevaux placé au-dessous, qui le transporte un peu plus loin.

Pendant que les betteraves tombent dans le wagon, on en prélève un échantillon qui servira à l'analyse de réception.

3° Quant aux wagons qui arrivent à l'usine pleins de betteraves, on les fait généralement monter sur une voie aérienne installée au-dessus des silos. Comme ils sont à vidange inférieure, il suffit d'ouvrir les portes inférieures, en agissant sur le volant de commande pour que les betteraves tombent directement dans le silo.

4° Quelquefois, la fabrique elle-même possède une estacade pour le déchargement des chariots. Dans ce cas, les chariots se déchargent dans un wagon à vidange inférieure, roulant sur rails et petites roues et qu'on a placé sous l'estacade. Quand le wagon est plein de betteraves, on l'amène au-dessus des silos et on le vide en ouvrant les portes de vidange inférieures.

PAYEMENT DES BETTERAVES

Souvent les betteraves sont simplement payées au poids ; dans certaines fabriques cependant on les paye au poids et à la richesse.

Les graines sont fournies par la fabrique.

Le plus souvent, les betteraves sont livrées par les cultivateurs au fur et à mesure des besoins de la fabrique. La conservation entre l'arrachage et la livraison est d'ailleurs assurée par le cultivateur qui doit prendre les mesures nécessaires pour protéger les betteraves contre les gelées. Quand la livraison a lieu après le 1er décembre, le prix est généralement un peu plus élevé.

La livraison a lieu soit à la fabrique, soit aux bascules que possède la fabrique, et les frais de transport du champ à la bascule de la fabrique restent à la charge du cultivateur. Cependant si la distance à parcourir dépasse 3 milles soit 4 kilom. 8, les cultivateurs reçoivent généralement une indemnité.

Cette indemnité est variable : elle est plus élevée pour le premier kilomètre que pour les suivants.

Comme les routes ne sont pas toujours très bonnes, on fait quelquefois les transports avec des locomotives routières.

Le prix payé au cultivateur pour la tonne de betterave varie quelque peu, d'une région à l'autre. Il est forcément influencé par le prix du sucre sur le marché.

Il est d'environ 5 dollars (soit 25 francs) par tonne anglaise (906 kilos), contenant au moins 15 0/0 de sucre. Pour chaque degré de richesse au-dessus de 15 0/0, il est donné en plus 2 fr. 50 et quelquefois moins par tonne, sans compter l'indemnité de transport indiquée plus haut.

SILOS DE BETTERAVES

Quand la livraison ne suit pas immédiatement l'arrachage, le cultivateur met ses betteraves en tas sur le champ et les recouvre d'une couche de terre ou de feuilles.

Comme la campagne dure généralement plus de trois mois, c'est-à-dire jusqu'en janvier, les fabriques pour s'assurer un approvisionnement régulier sont forcément obligées de conserver aussi des betteraves.

La conservation a lieu :

1° Dans des silos sous hangar, avec caniveau transporteur à la partie inférieure (comme en Europe) ;

2° Dans des granges fermées, dont les faces latérales sont pourvues de fenêtres et qui portent, sur la toiture, des ouvertures d'aération. Dans une même grange, il y a souvent plusieurs tas parallèles de betteraves, avec un ou deux caniveaux transporteurs à la partie inférieure de chacun d'eux. Les caniveaux sont en contre-bas par rapport aux chemins où arrivent les voitures et les fosses à betteraves sont quelquefois bordées par des murs en maçonnerie. Naturellement, les granges peuvent être fermées aux deux extrémités ;

3° Dans des silos en bois à claire-voie, construits au-dessus du sol et portant un caniveau à leur partie inférieure. Dans ce cas, les wagons chargés de betteraves sont amenés au niveau supérieur des silos par une voie aérienne. Employé dans une grange, qu'on pourrait fermer ou aérer suivant les besoins, ce mode de conservation des betteraves serait encore plus intéressant.

Dans le Colorado, on fait aussi des constructions spéciales pour assurer la conservation des pommes de terre. Elles consistent en de véritables granges couvertes par un toit sur lequel on met de la terre. Au faîte du toit, sont pratiquées des cheminées d'aération. La grange est fermée en arrière ; elle est pourvue d'une porte en avant. (Ne pas oublier les froids très vifs de l'hiver.)

MAIN-D'ŒUVRE

La main-d'œuvre fait défaut là-bas, mais on fait venir des ouvriers étrangers (Russes allemands (1), Polonais, Japonais, Hongrois, Belges, etc.). On les paye relativement cher, la vie étant là-bas très coûteuse.

Souvent, ce sont les fabriques de sucre qui fournissent aux cultivateurs de betteraves les ouvriers nécessaires. Voici un modèle de contrat de main-d'œuvre passé entre une fabrique de sucre et des planteurs (région du lac Michigan) :

Contrat passé entre la Compagnie sucrière de X... et ses planteurs, au sujet des ouvriers à fournir pour la culture de la betterave

J'autorise par la présente la Compagnie sucrière de X... à engager pour moi les ouvriers nécessaires pour effectuer les façons aratoires suivantes : placement, démariage, binage, arrachage, décolletage, mise en tas recouverts de feuilles, pour les betteraves cultivées par moi d'après le contrat passé avec ladite Compagnie.

Je m'engage: 1° à fournir gratuitement à ces ouvriers un lieu d'habi-

---

(1) Il y a des provinces russes où on parle allemand.

tation, ainsi que le combustible nécessaire ; 2° à les transporter, eux et leur famille, de la gare d'arrivée à la ferme où ils travailleront, ou inversement ; 3° à cultiver les betteraves pendant la végétation (avant le placement et le démariage, et aussi après) aussi souvent que cela sera nécessaire pour empêcher l'encroûtement du sol et le développement des mauvaises herbes. J'enlèverai la récolte avant la saison des gelées, de manière que la betterave n'en souffre pas. Si je n'exécutais pas ces travaux, la Compagnie pourrait les faire, aux frais les moins élevés possibles, et porter cette dépense à mon compte et la déduire de toute somme qui me sera due.

La Compagnie sucrière est autorisée à retenir sur la somme qui doit m'être payée, pour les betteraves livrées, 21 dollars par acre (soit 262 fr. 50 par hectare), qui se répartissent comme suit :

1 dollar par acre (soit 12 fr. 50 par hectare) à la Compagnie sucrière pour les dépenses faites par elle, en vue de trouver des ouvriers et de les transporter, eux et leur famille, à la gare la plus proche de la ferme ,

6 dollars par acre (soit 75 francs par hectare) pour le placement et le démariage ;

3 dollars par acre (soit 37 fr. 50 par hectare) pour le premier binage ,

2 dollars par acre (soit 25 francs par hectare) pour le second binage ;

9 dollars par acre (soit 112 fr. 50 par hectare) pour l'arrachage.

Il est entendu que, dans la somme de 21 dollars (262 fr. 50 par hectare) ne sont pas comprises les dépenses qui seraient occasionnées à la Compagnie par la non-exécution des travaux que je me suis engagé à faire.

Je m'engage à rembourser à la Compagnie sucrière toutes les sommes qu'elle m'avancera, avec, en plus, un intérêt de 6 % par an. Ces sommes pourront être déduites des sommes qui me seront dues pour les livraisons de betteraves.

Tous les conflits qui pourraient survenir entre le planteur et les ouvriers seront soumis à l'arbitrage de l'agronome de la Compagnie sucrière, et la décision de ce dernier sera sans appel.

Il est entendu que la Compagnie sucrière fera tous les efforts possibles en vue de donner une main-d'œuvre suffisante pour la culture de la betterave, mais la Compagnie n'assume pas d'autre responsabilité.

Le planteur.

Comme on peut le remarquer, le contrat en question ne concerne que les façons culturales à la main, se rapportant à la betterave.

En dehors du temps consacré à ces façons culturales, les ouvriers trouvent très facilement à s'occuper dans les fermes au prix de 8 à 10 francs par jour, avec, en plus, le logement et la nourriture. Quelques-uns louent des champs et y cultivent la betterave à leur compte. D'autres s'occupent de la cueillette des fruits ; bon nombre, au moment de la campagne, s'engagent comme ouvriers dans les fabriques de sucre.

II. — CONTRATS DE BETTERAVES

Voici maintenant un modèle de contrat de betteraves qui se rapporte à l'année 1912. Il provient aussi d'une fabrique située dans la région du lac Michigan :

« Ce contrat, fait ce jour... du mois... 1912, par et entre le planteur soussigné et la Compagnie sucrière de X..., témoigne que chacune des parties s'est entendue avec l'autre comme suit :

« Le planteur s'engage, pour la campagne de 1912, à planter, cultiver et récolter en bonne et due manière, pour la Compagnie sucrière, à la ferme de Y..., province de..., n acres de betteraves sucrières et à les livrer en bonnes conditions à la fabrique de la Compagnie sucrière de X... La Compagnie s'engage à payer tous les frais de transport, à condition que les betteraves soient chargées dans des wagons contenant au moins 30.000 livres (13.590 kilos).

« La culture de ces betteraves, doit se faire avec les semences fournies par la Compagnie et qui seront payées par le planteur 75 centimes la livre, paiement qui sera déduit du premier paiement pour la livraison des betteraves. Toutes les semences fournies pour réensemencement seront payées par le planteur au même prix.

« La Compagnie a le droit de donner des instructions, qui doivent être suivies par le planteur, concernant la culture, la récolte, les soins et la livraison des betteraves. Au moment de l'arrachage, les collets doivent être coupés entièrement, de façon à enlever toute la portion où ont poussé les feuilles. Les betteraves mal décolletées seront tarées en conséquence.

« Le planteur est obligé de livrer ses betteraves suivant les quantités demandées par la Compagnie, pendant les mois de septembre, octobre, novembre et décembre. Le planteur est tenu de protéger les betteraves contre le froid et toute autre détérioration. La Compagnie ne sera pas obligée de recevoir et de payer des betteraves qui seraient jugées impropres à la fabrication du sucre.

« En chargeant les wagons, le planteur devra veiller à ce que des pierres, des feuilles de betteraves, de la terre ou tout autre rebut ne soient mélangés aux betteraves. Toutes les voitures employées au transport des betteraves doivent posséder des caisses avec fond dont les jointures sont bien serrées ; les voitures ne doivent avoir ni trous ni fentes quelconques. Les betteraves seront retirées avec des fourches à betteraves et toute la terre restant dans les voitures sera laissée jusqu'à ce qu'elle soit pesée avec les voitures.

« Toutes les betteraves seront pesées par un représentant de la Compagnie ou par l'Association de pesage des chemins de fer, et elles seront tarées et analysées à la fabrique. Le règlement des comptes se fera sur la base de ces pesées le 20 de chaque mois pour les betteraves livrées le mois précédent.

« La Compagnie sucrière paiera toutes les betteraves livrées, après avoir fait une déduction pour les betteraves en mauvaises conditions, pour la terre, les feuilles ou tout autre déchet. Le prix fixé est de 5 dollars par tonne de 2.000 livres, soit 906 kilos de poids net (soit 25 francs pour 906 kilos) pour les betteraves contenant en moyenne 14 % de sucre, ou même moins, et 2 fr. 50 par tonne pour chaque pourcentage de sucre au-dessus de 14 %.

« Ce contrat n'est valable qu'après avoir été approuvé par un représentant de la Compagnie sucrière ou par son administrateur agricole, et aucun agent de la Compagnie n'a le pouvoir de changer les termes et les conditions de ce contrat.

« *Remarques.* — Il faut toujours choisir une bonne terre pour la culture des betteraves à sucre. Éviter les terrains montagneux où les semences seront lavées, ainsi que les terrains trop bas où les betteraves risquent d'être noyées.

« Le meilleur labour est le labour profond d'automne. Le labour de printemps ne doit pas être plus profond que d'ordinaire. Il faut que la terre soit finement pulvérisée et bien tassée.

« Il faut semer au moins 15 livres par acre (soit 18 à 20 kilos par hectare). Le semis doit être fait à une profondeur maximum d'un demi-« inche » (soit 1 cent. 25), aussitôt que le sol est assez humide, et assez chaud pour faire germer la semence, ordinairement entre le 20 avril et le 15 mai.

« Semer en lignes espacées de 22 « inches » (soit 55 centimètres), puis faire le démariage, de façon à laisser entre les plants une distance d'environ 12 « inches » (soit 30 centimètres) sur la ligne.

« Faire des façons aratoires assez souvent, mais ne pas les faire trop profondément près des betteraves ; arracher à peu près quatre mois et demi après l'ensemencement.

« Les betteraves qui ne peuvent pas être livrées immédiatement après l'arrachage doivent être mises en tas avant d'être touchées par la gelée. Ces tas doivent être faits à la hauteur de 4 pieds (soit 1 m. 25), en forme de toiture, et doivent contenir au moins 1.000 livres de betteraves. Ces tas doivent être couverts avec des têtes de betteraves ou du chaume de blé sur un épaisseur de 6 « inches » ou bien avec 4 « inches » de terre sur les côtés et moins de couverture sur le sommet pour permettre la ventilation.

« Plus les tas sont longs, mieux les betteraves se conservent et moins elles perdent de poids et de volume.

« A la demande du planteur, la Compagnie résiliera le contrat si le planteur cesse de continuer l'agriculture ou s'il en était empêché pour cause de décès, maladie ou autre cause inévitable.

« Il est désirable que le planteur possède ses propres instruments de culture de betterave. Les semoirs fournis par la Compagnie devront être payés 2 fr. 50 par acre (soit 6 fr. 25 par hectare). Tous les autres outils doivent être fournis par le planteur. »

VALEUR DE LA TERRE

D'une région à l'autre, on trouve des chiffres très différents et pour la valeur foncière, et pour la valeur locative.

L'irrigation (dans les régions où on en fait) avait augmenté la valeur du sol ; l'introduction de la culture de la betterave a encore accentué cette augmentation.

Dans le Colorado, par exemple, les terres à betteraves qui peuvent être irriguées, valent environ 150 dollars par acre, soit 1.875 fr. par hectare, et la valeur locative s'élève à 8-10 dollars par acre soit 100 à 125 fr. par hectare.

Dans le Kansas, le prix de la terre à betteraves irrigable est 100 à 120 dollars, soit 1.200 à 1.500 fr. par hectare, et la valeur locative de 80 à 100 fr. par hectare.

A l'heure actuelle, les terres non irrigables n'y coûtent que 20 dollars par acre, soit 250 fr. par hectare. On ne peut y cultiver la betterave.

PRIX DE REVIENT DE L'HECTARE DE BETTERAVES

Les prix sont forcément très variables d'une région à l'autre et je ne veux citer que quelques chiffres pour fixer les idées.

a) *Etat de Colorado*

Travaux à la main......	21 dollars par acre, soit 262 fr. 50 p. hectare			
Valeur locative du sol.	10	—	125 fr. »	—
Semailles et semences	2	—	25 fr. »	—
Façons (av^t semaille)..	5	—	62 fr. 50	—
Façons autres, transports..................	7	—	87 fr. 50	—
Total.........	45 dollars par acre, soit 562 fr. 50 p. hectare			

Poids de betteraves récoltées : 12 tonnes de 906 kilos par acre ;

Prix payé pour la tonne de 906 kilos : 25 à 27 francs ;

Valeur reçue par hectare : 780 fr. environ ;

Somme qui reste disponible : 780 fr. — 562 fr. 50 = 220 fr. environ.

On n'attribue pas de valeur pécuniaire au fumier et on n'emploie généralement pas d'engrais chimiques. Les frais généraux entrent dans les chiffres précédents.

a) *Etat de Iowa*

	1re ferme	2e ferme	3e ferme
	En dollars		
Travaux à la main (par acre)........................	18. »	18. »	18. »
Labour et façons avant la semaille	3.15	3. »	4. »
Intérêts et amortissement des outils et machines	0.55	0.55	0.55
Semailles et semences................................	1.90	1.90	2. »
Façons à la machine (après la semaille)............	3.20	1.50	2. »
Arrachage	1.75	1.50	2. »
Transport à 4 kilom. 8................................	7. »	5.50	5.50
Totaux par acre de 40 ares...	38. »	31.95	34.05
Soit en francs par hectare..............	475. »	400. »	425. »
Soit en moyenne..........................	433 fr. par hectare		

Récolte par acre en tonnes de 906 kilos..................... 12 tonnes 5

Prix payé pour la tonne de 906 kilos.............. 25 fr.

Produit par hectare .... 782 fr.

Il reste donc 782 fr. — 433 fr. = 349 fr. pour représenter la rente du sol, les bénéfices, le fumier et les engrais chimiques. Généralement, on n'attribue pas de valeur au fumier et on n'emploie que peu ou point d'engrais chimiques.

On peut mettre en comparaison ces chiffres, avec ceux qui ont été publiés par M. Boitel *(Journal d'Agriculture pratique*, n° 1 de janvier 1911) sur le prix de revient de l'hectare de betteraves en France.

	(M. Boitel) France	Colorado	Iowa
		En francs	
Valeur locative de la terre	120	100 à 120	90 à 120
Semences	27	25	18 à 20
Façons à la machine	117	90	90 à 110
Façons à la main	115	260	225
Transport des betteraves	80	75	70 à 87
Fumier	320	»	»
Engrais chimiques	135	»	»
Frais généraux (V. p. 36 pour Etats-Unis)...	75	»	»
Totaux	990	560	524

Ces chiffres permettent quelques observations :

1° Le compte de M. Boitel fait supporter à la betterave tous les frais de fumier et d'engrais chimiques. Il faut cependant reconnaître que les cultures qui suivent la betterave dans le même champ en profitent pour une certaine partie ;

2° Les façons à la main coûtent à peu près deux fois plus cher en Amérique qu'en France ; mais les façons à la machine coûtent un peu moins cher. Cela est dû, en grande partie, à ce fait que les terres à betteraves sont plus faciles à travailler et peut-être aussi à ce que le travail du cheval coûte moins cher qu'en France. L'élevage et la nourriture du cheval coûtent sans doute moins cher en Amérique qu'en France et c'est peut-être une des raisons pour lesquelles la motoculture est si peu répandue là-bas bien que cependant on remplace partout, chaque fois que cela est possible, le travail à la main par le travail à la machine ;

3° Les frais généraux des fermes sont moins élevés en Amérique qu'en France.

De toutes façons, les chiffres qui précèdent montrent que dans les deux Etats considérés, il reste souvent au cultivateur plus de 200 fr. par hectare une fois qu'il a payé tous les frais que comporte la culture de la betterave (fumier non compris) et déduit la valeur locative de la terre.

COLLEGES AGRICOLES ET LABORATOIRES

J'ai visité les collèges d'agriculture de Fort Collins et de Ames (Iowa) auxquels sont annexées des fermes importantes. Il y a des laboratoires fort bien installés et on y fait beaucoup d'essais sur la culture de la betterave. Au collège de Fort-Collins, on fait en outre des essais spéciaux sur l'irrigation. J'ai visité, également, à Washington, le laboratoire de l'industrie sucrière que dirige M. Bryan. Il dépend du ministère de l'agriculture.

VI. — LA FABRICATION DU SUCRE DE BETTERAVE

En général, les fabriques américaines construites au cours des dix dernières années sont fort bien installées. Celles que j'ai visitées dans le Colorado, par exemple (Great Western Sugar Co), sont spacieuses ; elles ont des dépendances bien adaptées au travail de l'usine. Elles prennent des dispositions pour assurer le logement du personnel et des ouvriers ; les bureaux sont installés avec le confortable américain ; les laboratoires sont spacieux, bien outillés.

Les procédés de fabrication employés en Amérique sont à peu près les mêmes qu'en Europe ; il convient néanmoins d'en fixer les grandes lignes.

Comme les terres à betteraves sont généralement plus légères en Amérique qu'en France, les déchets au moment de la réception ne dépassent guère 5 à 10 0/0. Il en résulte qu'elles sont plus faciles à transporter par eau et plus faciles à laver.

Les betteraves sont généralement amenées à l'usine par des transporteurs hydrauliques. Les laveurs offrent, en général, moins de développement qu'en France.

Les cossettes fraîches contiennent 14.5, 15, 16, 18 et même 20 0/0 de sucre (en Californie) ; mais elles sont, en général, moins pures qu'en France, surtout dans les Etats où on fait de l'irrigation. Elles donnent des jus ayant une pureté de 81, 82, 84, 86.

On emploie le coupe-racines à disque. Cependant parmi les fabriques que j'ai visitées, il y en a qui possèdent le coupe-racines à tambour Maguin.

On emploie les couteaux Goller et les couteaux faîtières ou Kœnigsfeld ; avec les betteraves fibreuses — il y en a beaucoup aux Etats-Unis — on donne la préférence aux couteaux Goller.

Les couteaux sont fixés à 3 m/m de hauteur et 2 m/m d'écartement.

Souvent, la batterie de diffusion a 14 diffuseurs et le chauffage en est fait par des injecteurs. Quelquefois, l'injecteur se trouve dans le tuyau de communication supérieur. On soutire 120, 130 et même 140 litres de jus de diffusion par 100 kilos de betteraves pour arriver à un épuisement d'environ 0.30 0/0 dans les cossettes épuisées.

La pulpe pressée contient 88-90 0/0 d'eau. Elle est vendue au prix de 2 fr. 50, 3 fr., 3 fr. 50 la tonne.

Quelques usines sèchent la pulpe avant de la vendre ; mais ce n'est pas général.

Dans la région du lac Michigan, cependant, j'ai visité une fabrique où on sèche la pulpe avec un four Meyer et Büttner.

On brûle le charbon dans un foyer spécial fumivore (c'est le foyer Jones, V. fig. 5). Ce foyer est déjà très répandu aux Etats-Unis ; on l'applique aux chaudières à vapeur. Si je ne me trompe, c'est le même foyer qui a été essayé dernièrement à la sucrerie de Pommiers, mais pour la production de la vapeur.

Appliqué aux fours à foyer qui servent à sécher la pulpe, il donne moins d'importance à la qualité des charbons à brûler pour obtenir une belle pulpe. On en voit ainsi l'importance à l'égard du four Huillard.

On chauffe les jus de diffusion avant de les chauler, d'abord dans des réchauffeurs recevant de la vapeur du dernier corps du multiple-effet, puis dans des réchauffeurs chauffés avec des vapeurs du premier corps. Ce sont, d'ailleurs, les seuls chauffages qui sont faits avec de la vapeur de jus.

Le chaulage est fait avec du lait de chaux ou avec du lait de sucrate de chaux. On mesure quelquefois le lait de chaux avec le mesureur Cerny et Stolc.

Le four à chaux, système Khern, semble très répandu.

L'épuration comporte généralement deux carbonatations et une sulfitation. L'acide sulfureux employé est produit dans des fours à soufre.

On fait usage de filtres-presses et de filtres mécaniques comme en Europe.

Le filtre-presse Kelly est déjà installé dans quelques fabriques. Je l'ai vu à Fort-Collins (Colorado) dans une des fabriques de la « *Great Western Sugar Co* ».

Il se présente sous la forme d'un cylindre en tôle, d'environ 1 mètre de diamètre, 3 mètres de longueur et qui est incliné de 9° sur l'horizontale. Sa base supérieure est fermée ; sa base inférieure est représentée par une porte circulaire, à joint étanche, qui est supportée par un chariot roulant sur galets.

Le filtre Kelly fonctionne, en principe, comme un filtre mécanique Philippe ou Danek ; mais la construction et les détails de marche en diffèrent.

Il se compose essentiellement de sacs en toile de lin, de forme rectangulaire, qui contiennent une âme métallique. Par la façon dont ils sont fixés sur l'armature qui les supporte, ces sacs constituent des poches fermées, dont le contenu peut s'écouler au dehors.

Chaque filtre comprend 10 sacs parallèles, représentant une surface filtrante totale de 39 mètres carrés. Ces sacs sont disposés verticalement, suivant la longueur du cylindre en tôle qui les contient ; ils ont tous la même longueur, qui est à peu près la longueur du cylindre ; mais leur hauteur varie suivant la place qu'ils occupent dans le cylindre. C'est le sac médian qui a la plus grande hauteur et, par conséquent, la plus grande surface filtrante ; ce sont les deux sacs latéraux extrêmes qui ont la plus petite.

Les sacs (une fois en place) et l'armature qui les supporte font corps avec le couvercle mobile, et le tout est supporté par le chariot à galets précité qu'on peut pousser dans le cylindre ou faire sortir du cylindre. La manœuvre est facilitée par le poids même de toute cette partie mobile ou par un contre-poids.

Supposons, maintenant, le filtre fermé et prêt à être mis en marche.

Une pompe envoie le jus à filtrer dans le cylindre, parmi les sacs, Le jus filtre de l'extérieur à l'intérieur de chaque sac, et le dépôt solide se

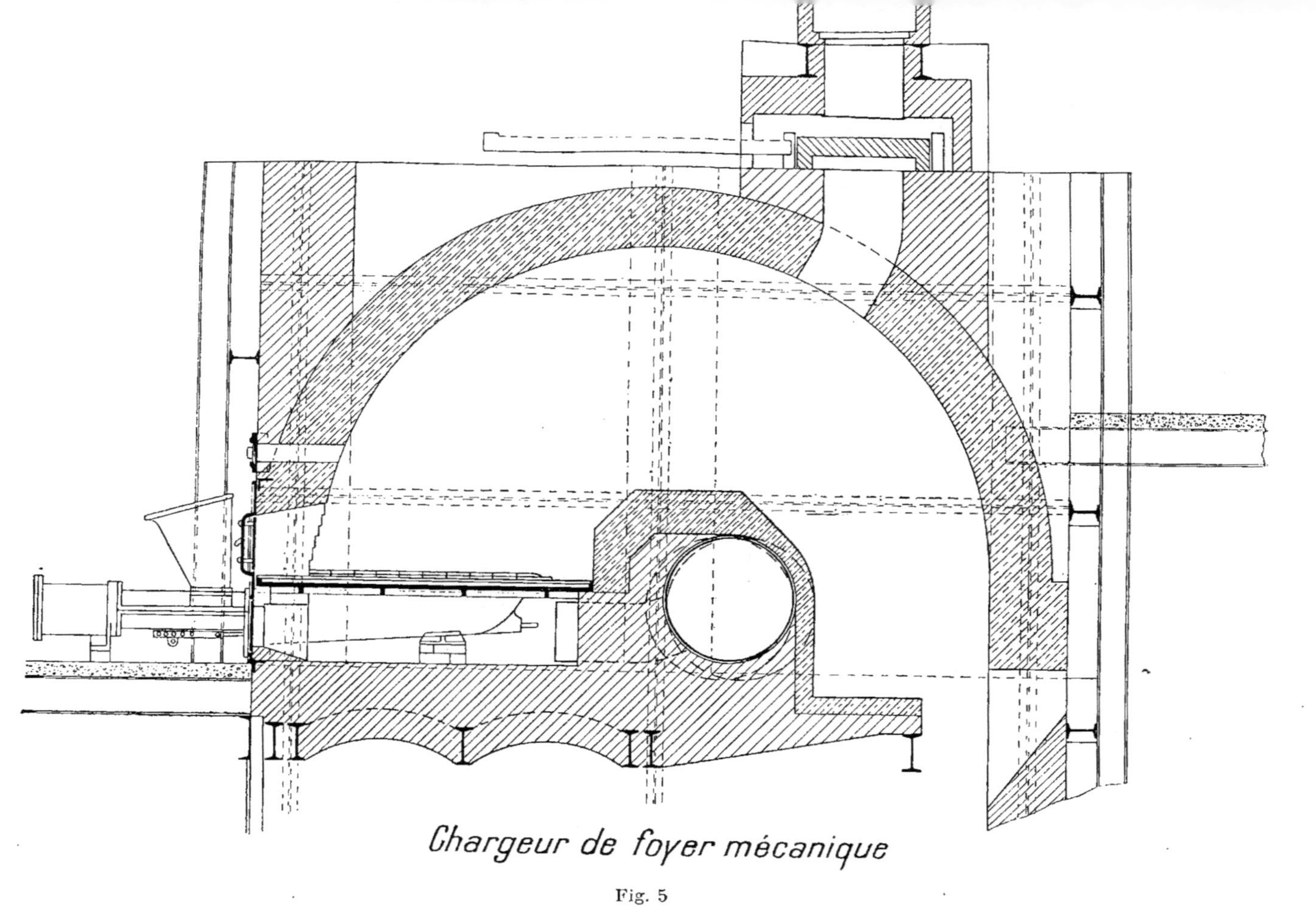

Chargeur de foyer mécanique

Fig. 5

forme à l'extérieur du sac. Une fois dans les sacs, le jus filtré en sort par un tuyau dont l'orifice de sortie se trouve, pour chaque sac, sur la porte mobile.

Pour empêcher que, pendant la marche les parties solides en suspension dans le jus ne tombent à la partie inférieure du cylindre, on entretient le jus à filtrer en agitation constante au moyen d'une petite pompe centrifuge qui prend le jus à filtrer contenu dans le cylindre, par la partie inférieure, et le fait rentrer dans le cylindre par la partie supérieure.

On arrête l'opération quand le dépôt ou tourteau qui s'est formé sur les deux faces filtrantes de chaque sac a une certaine épaisseur qui est indiquée, à l'extérieur, par un indicateur spécial. On n'attend pas que l'espace compris entre deux sacs consécutifs (soit 10 cm.) soit entièrement occupé par un tourteau unique de 10 cm. d'épaisseur. Chaque sac porte deux dépôts ou tourteaux (un sur chaque face) et ces tourteaux ne touchent pas ceux du sac voisin.

Il y a des organes régulateurs spéciaux qui permettent de faire la filtration sous une pression déterminée et réglable.

Une fois que les tourteaux ont l'épaisseur voulue, on ferme l'arrivée de jus et on fait écouler, au dehors, par un tuyau *ad hoc* qui débouche dans le bac collecteur de jus à filtrer, le jus non filtré que contient encore le cylindre.

Alors, on commence le lavage. L'eau de lavage arrive dans le cylindre comme le jus à filtrer ; elle traverse les tourteaux de l'extérieur des sacs vers l'intérieur. Elle peut sortir des sacs, soit par les mêmes tuyaux que le jus filtré, soit par d'autres tuyaux qui partent de la partie supérieure des sacs et se terminent sur la face extérieure de la porte mobile. Le lavage est terminé quand les eaux de lavage marquent un certain degré à l'aréomètre.

Alors on laisse écouler, au dehors, l'eau de lavage qui est encore contenue dans le cylindre, puis on desserre la porte et on fait sortir du cylindre le chariot qui porte les sacs et les tourteaux. Avec une lance, on projette de l'eau sur le bord supérieur des tourteaux. Ceux-ci se détachent et tombent dans une fosse placée au-dessous.

Si on veut égoutter les tourteaux avant d'ouvrir le cylindre, on fait arriver dans les sacs, par le tuyau supérieur de sortie des eaux de lavage, de l'air comprimé ou de la vapeur.

La sucrerie de Fort-Collins en Colorado n'a qu'un filtre Kelly. Il sert pour une partie des jus de 1re carbonatation, et on estime qu'il peut suffire au travail de 150 à 200 tonnes de betteraves par jour. Il faut environ 1 litre d'eau de lavage par kilogramme de tourteau. En marche normale, il reste moins de 1 0/0 de sucre dans les tourteaux.

D'après les renseignements qui m'ont été donnés, la nouvelle fabrique de Elsinore (Etat de Utah) n'a que des filtres Kelly pour les jus de 1re et de 2e carbonatation.

Elle en possède sept de chacun 39 mètres carrés de surface filtrante, dont cinq, pour la 1re carbonatation.

Le service des filtrations y est assuré par trois ouvriers.

On estime que l'emploi des filtres Kelly diminue la main-d'œuvre.

L'appareil d'évaporation se compose généralement d'un quadruple-effet à caisses horizontales ou verticales, rarement précédé d'un Pauly. On ne chauffe avec de la vapeur de jus que le poste de l'épuration (voir plus haut).

Les sirops sont sulfités puis filtrés dans des filtres mécaniques. On ne sulfite généralement pas les égouts.

Le travail des masses cuites est fait en deux jets par deux cuites en grains, avec refonte des sucres de 2e jet. Les appareils à cuire sont généralement verticaux et ils sont chauffés avec de la vapeur directe.

Comme on fait du sucre blanc à grains fins, les cuites de 1er jet peuvent être menées très rapidement.

Elles durent généralement 2 h. 1/2 à 3 heures. Les masses cuites de 1er jet sont reçues dans des malaxeurs-mélangeurs. On ne cherche pas à les refroidir avant de les turbiner. Le turbinage a lieu dans des turbines Watson commandées par courroies.

La cuite de 2e jet dure environ 20 heures. Les masses cuites terminées tombent dans des malaxeurs à double enveloppe, où on les malaxe pendant 3 à 4 jours. On les turbine dans des turbines Watson.

Comme on le voit, le procédé de travail des masses cuites qui vient d'être décrit n'est pas autre chose (production de sucre en petits cristaux à part) que le procédé Ragot qui est installé à la sucrerie de Meaux il y a déjà un bon nombre d'années et que nous avons suivi pendant 15 jours à la sucrerie de Meaux (1903 et 1904).

La mélasse a 58, 60, 62 de pureté. On en obtient 4 kilos 5 et quelquefois plus, par 100 kilos de betteraves, c'est-à-dire plus qu'en France. En Californie, on dépasse même quelquefois ce chiffre avec des betteraves à 18-20 0/0 de sucre. Cela provient de la pureté des betteraves qui ont végété dans certaines terres irriguées ou dans certaines terres « salines ».

Les mélasses sont généralement employées comme fourrage et sont vendues environ 5 francs les 100 kilos. Les pertes totales de fabrication s'élèvent à 3,5, 4 et 5 kilos de sucre (y compris le sucre des mélasses) par 100 kilos de betteraves.

Etant donnée la grande proportion de mélasse qu'on obtien par 100 kilos de betteraves ; étant donné aussi le bas prix du sucre de mélasse, par rapport au sucre ordinaire, on cherche à extraire le sucre des mélasses par des procédés de sucraterie. C'est la séparation Steffen (avec le nouveau séparateur) qui est généralement employée. Le sucrate de chaux obtenu est généralement moins pur qu'en Europe. On emploie environ 100 kilos de chaux en poudre par 100 kilos de sucre de mélasse.

Les fabriques de sucre ont environ 1,5 de pertes totales, quand elles emploient la séparation Steffen.

Les fabriques ont le plus souvent des chaudières à foyer intérieur. Elles brûlent du lignite, et généralement du charbon de qualité inférieure. (En Californie, on brûle souvent du pétrole.)

L'une des fabriques que j'ai visitées (région du lac Michigan) détermine le tirage avec un ventilateur et n'a pas de cheminée.

Plusieurs sucreries ont installé, à côté de l'usine et plus haut que le toit, un grand réservoir en tôle supporté par quatre pieds. Cela diminue les frais d'assurance.

Quant aux ouvriers d'usine, si on ne peut les trouver sur place, on se les procure par des agences.

La fabrique de X... (région du lac Michigan), par exemple, les fait venir de Chicago ou de Saint-Louis ; elle emploie aussi des ouvriers qui étaient occupés à la culture de la betterave.

Voici les salaires qu'elle leur donne :

Ouvriers de cour......................	0 fr. 85	par heure
Chef de batterie (diffusion)..........	1 fr. 10	—
Chef de carbonatation................	1 fr. 10	—
Autres ouvriers de l'usine...........	1 fr. »	—
Cuiseurs (pendant trois mois).....	750 fr. »	par mois

La fabrique loge et nourrit les ouvriers : elle leur retient pour cela 4 dollars 25 par semaine, soit 21 fr. 25.

*
* *

Dans les magasins (région des Grands Lacs) on a 17 à 19 livres de sucre blanc (de fabrique) pour 1 dollar. Cela fait environ 0 fr. 54 le kilogramme.

En octobre 1912, le granulé se vendait 5 cents 2 la livre à New-de sucre blanc (de fabrique) pour 1 dollar. Cela fait environ 0 fr. 61 le kilogramme.

Le sucre blanc raffiné se vend généralement 1 fr. 10 à 1 fr. 20 de plus que le sucre blanc d'usine.

*
* *

L'INDUSTRIE SUCRIERE DANS LE COLORADO

La région sucrière des Etats-Unis est tellement étendue qu'il est difficile de fixer, par des données générales, les conditions dans lesquelles elle se développe et vit à l'heure actuelle.

L'Etat de Colorado, depuis qu'il pratique l'irrigation a vu sa production sucrière grandir très rapidement.

La Great Western Sugar Company, dont le siège est à Denver, a construit sa première usine en 1901 ; elle possède maintenant onze fabriques dont neuf dans le Colorado, une dans le Montana, et une dans le Nebraska.

Les usines sont situées, pour la plupart, dans les environs de Denver ; elles sont réunies par un chemin de fer qui appartient à la Société et qui permet de répartir, entre elles, les approvisionnements de betteraves.

Avec M. Böttcher, vice-président, M. Pétrikin, secrétaire, et M. Ogilvy, rédacteur de la *Denver-Post*, j'en ai visité quatre à 80-150 kilomètres de Denver. Nous avons parcouru la route en automobile. J'ai donc pu voir aussi des cultures de betteraves et quelques fermes à betteraves.

Pour montrer le développement qu'a pris la Société, je veux rappeler à cette place, quelques données qui m'ont été fournies par M. Dixon, administrateur, MM. Böttcher et Pétrikin et qui sont rassemblées plus complètement dans le rapport présenté par M. Pétrikin à la Commission du Sénat, chargée de faire l'enquête sur l'industrie sucrière.

Voici les plus importantes :

	1901-02	1905-06	1909-10	1911-12	Moyennes des 3 ans 1901-05-09
Nombre de fabriques	1	7	10	11	
Nombre de tonnes travaillées (tonnes de 1.000 kg)	52.601	545.206	890.438	849.752	
Nombre d'hectares travaillés	2.244	22.176	39.238	33.223	
Rendement moyen par hectare	23.440	24.580	22.690	25.570	
Richesse saccharine moyenne	16 23	15 05	15 15	15 97	
Pureté du jus de pression	81,8	82,96	83,11	85,45	
Sucre en terre par hectare	3.804 kg	3.700 kg	3.437 kg	4.091 kg	
Nombre moyen d'hectares ensemencés par cultivateur	3 Ha	7 Ha	8 Ha 8	7 Ha 8	
Prix payé par tonne de 1.000 kg.	24 fr. 84	27 fr. 37	27 fr. 82	30 fr. 24	
Prix reçu par le cultivateur pour un hectare	582 fr.	673 fr.	631 fr.	773 fr.	
Rendement usine (en blanc) par 100 kg de betteraves	11 98	12 24	12 46	14 08	
Pertes totales (1) (sucre de mélasse compris) par 100 kg.	4 25	2 81	2 69	1 89	
Sucre blanc produit par hect.	2.800 kg	3.000 kg	2.830 kg	3.600 kg	
Sucre produit en bloc par la Société (en tonnes de 1.000 kg)	6.300	66.771	111.014	119.679	
Prix reçu par 100 kg de sucre	48 fr. 30	47 fr. 10	53 fr. »	58 fr. 90	49 fr. 50
Prix de revient de 100 kg de sucre (2)	40 fr. 80	41 fr. 10	34 fr. 50	37 fr. 10	38 fr. 80
Prix payé au cultivateur par 100 kg de sucre	22 fr. 90	23 fr. 90	22 fr. 90	22 fr. 60	23 fr. 20
Frais par 100 kg de sucre (2)	17 fr. 90	17 fr. 20	11 fr. 60	14 fr. 50	
Prix reçu pour le sucre de 1.000 kg de betteraves (a)	57 fr. 90	57 fr. 65	66 fr. 03	82 fr. 93	60 fr. 50
Prix payé pour 1.000 kg de betteraves (b)	24 fr. 84	27 fr. 37	27 fr. 82	30 fr. 24	26 fr. 66
Frais et bénéfices par tonne de betteraves (a-b)	33 fr. 06	30 fr. 28	38 fr. 21	52 fr. 69	34 fr. »

(1) Les chiffres des pertes sont variables d'une année à l'autre, à cause de l'installation de la séparation Steffen dans quelques usines de la Société.

(2) Pour établir les prix de revient, on a tenu compte de la valeur de la pulpe, et de la mélasse, et des autres produits résiduaires. Mais on n'a pas fait entrer en ligne de compte les intérêts et amortissements, les frais d'entretien des usines, les frais de transport, de vente du sucre, et les frais divers après que le sucre a quitté l'usine.

	1901-02	1905-06	1909-10	1911-12
Prix du charbon par tonne (usine)............... *(en francs)*	14 30	7 89	6 07	5 90
Prix du coke par tonne (usine)	80 »	40 50	38 »	»
Prix de la pierre à chaux (par tonne)	16 65	6 15	8 80	8 50
Pierre à chaux par tonne de betteraves......... *(en kilogr.)*	72 4	77 »	67 6	70 2
Charbon brûlé par tonne de betteraves........... *(en francs)*	3 90	2 »	1 15	1 07
Coke brûlé par tonne de betteraves............... *(en francs)*	0 59	0 33	0 27	»
Prix des sacs de 50 kg.........	0 51	0 49	0 50	0 53
Dépenses pour toiles des filtres-presses, par tonne de betteraves	0 18	0 39	0 25	0 28
Produits chimiques par tonne de betteraves...... *(en francs)*	0 36	0 17	0 15	0 26
Divers................... *(en francs)*	1 »	2 11	1 64	1 95

VII. — RESUME ET CONCLUSIONS

1° La consommation actuelle du sucre aux Etats-Unis (3.500.000 tonnes) est alimentée, pour la moitié environ, par du sucre indemne de droits provenant de la métropole et de ses colonies et, pour l'autre moitié environ, par du sucre de Cuba qui ne paie que les 4/5 du droit de douane.

Le sucre acquittant le droit de douane plein n'y entre plus que pour une part infime (100 à 150.000 tonnes) ;

2° La consommation du sucre aux Etats-Unis subit chaque année une augmentation moyenne de 95.000 à 100.000 tonnes. L'augmentation annuelle de la production et de l'importation du sucre indemne de droit (sucre de la métropole et des îles Hawaï, Porto-Rico, Philippines) atteint, en moyenne, 90.000 tonnes, quoique cette augmentation ait été un peu plus faible au cours des cinq dernières années.

Les importations de Cuba sont donc près d'atteindre leur maximum. Si la législation douanière américaine reste la même, si la production à Cuba continue sa marche progressive, il y aura un trop-plein qui devra être écoulé vers d'autres destinations ;

3° Malgré le prix de la main-d'œuvre (deux fois plus élevé qu'en France), l'hectare de betteraves coûte moins cher au cultivateur américain qu'au cultivateur français. Cela tient à plusieurs causes, dont voici les principales :

a) Terres « neuves » qui n'exigent que peu ou point d'engrais chimiques et qui peuvent, avec un peu de fumier, produire de la betterave plusieurs années consécutives, sans qu'il en résulte une diminution sensible des rendements. (Cet avantage diminuera peu à peu pour les terres à betteraves actuelles ; mais celles-ci peuvent être remplacées par d'autres plus « *neuves* » pendant de longues années.) (V. carte p.   .) ;

b) Terres plus faciles à travailler ; frais généraux moindres ;

c) Valeur peu élevée du travail animal ;

d) Valeur peu importante attribuée au fumier, peut-être à cause de l'état de prospérité de l'élevage, de l'industrie laitière, etc., etc. Tous frais déduits, y compris la valeur locative de la terre, mais non compris la valeur du fumier, il reste souvent au cultivateur américain, plus de 200 francs par hectare ;

4° Le labour profond (avec charrue à vapeur) est encore peu répandu dans les régions visitées ; les façons aratoires à la machine sont faites par des chevaux. Il n'y a pas d'arracheuse-décolleteuse couramment employée ; on se sert quelquefois (Colorado) d'une machine à deux socs qui soulève simplement les betteraves. Le transport des betteraves a lieu par voitures et par chevaux ; quelquefois cependant, on a recours aux locomotives routières ;

5° Le prix de la tonne de betteraves, rendue usine, coûte à peu près le même prix qu'en France, et souvent un peu plus cher (environ 25 francs la tonne de 906 kilos à 14-15 0/0 de sucre) ; mais abstraction faite des droits, le prix du sucre est plus élevé aux Etats-Unis qu'en France. Il y a souvent une différence de 15 à 16 francs entre le prix du roux aux Etats-Unis et le prix du roux en France, à égalité de titrage. Entre les recettes et le prix payé au cultivateur, par tonne de betteraves, il y a une différence qui dépasse souvent 30 à 34 francs ;

6° Considérée dans l'ensemble, la betterave américaine contient à peu près autant de sucre que la betterave française, quoique cependant on trouve en Californie des betteraves à 18-20 0/0 de sucre ; mais ses jus sont moins purs et elle donne plus de mélasse. D'autre part la pulpe et la mélasse se vendent moins cher qu'en France (3 francs pour la pulpe ; 5 francs pour la mélasse). Dans bon nombre de fabriques on extrait le sucre des mélasses par un procédé de sucraterie ;

7° Pour diminuer la main-d'œuvre employée au déchargement des betteraves, certaines fabriques ont recours soit à des estacades ou ponts en bois, soit à des palans (V. p. 30), qui permettent d'incliner les voitures et de faire tomber les betteraves ;

8° La main-d'œuvre d'usine coûte plus de deux fois plus cher qu'en France ; et on est souvent obligé de la faire venir de loin. Le personnel technique et administratif coûte aussi plus cher qu'en France. Peut-être les frais d'intérêts et d'amortissement y sont-ils plus élevés qu'en France. Il faut dire cependant que les dépenses de charbon, de coke y sont souvent plus faibles qu'en France et que les dépenses pour pierre à chaux n'y sont pas beaucoup plus élevées.

Etant donné le faible prix du charbon aux Etats-Unis, il n'est pas impossible que les transports par fer y coûtent moins cher qu'en France ; mais il faudrait une étude comparative à ce sujet.

Il faut tenir compte enfin que les fabriques américaines produisent en moyenne, 85.000 sacs par campagne, au lieu de 30.000 à 35.000 (fabriques françaises).

9° C'est dans les Etats qui pratiquent l'irrigation (Californie, Utah, Colorado) qu'on produit le plus de sucre par hectare (à peu près autant qu'en France) ; c'est dans la région des Grands Lacs qu'on en produit le moins. Il y a des régions entières qui, par l'irrigation, pourront être conquises à la culture de la betterave.

*
* *

En résumé, l'industrie du sucre de betterave aux Etats-Unis est dans une situation très prospère. Sans doute, cette prospérité est due, pour une bonne part, aux droits de douane qui la protègent contre les sucres étrangers ; mais il faut dire aussi que les fabricants américains, avec leur esprit d'initiative et d'entreprise, ont été un gros élément de succès. Il y avait là-bas de grosses difficultés à vaincre : pénurie de main-d'œuvre, manque de pluie, etc.

Au point de vue des procédés de fabrication, l'Europe a été d'un grand secours pour les Etats-Unis. Les fabricants européens ont eu à créer l'industrie elle-même, et ils ont porté ses procédés de travail à un grand état de perfection : de la petite industrie du début, ils ont fait une grande industrie possédant de grandes usines. Les fabricants américains ont trouvé là un utile enseignement qu'ils ont su adapter à leur milieu.

On a créé aux Etats-Unis, de nombreuses stations expérimentales qui étudient tout ce qui a trait à la culture de la betterave et à l'industrie sucrière elle-même ; beaucoup de fabriques possèdent des laboratoires fort bien outillés : l'industrie mécanique tourne aussi ses efforts du côté de l'industrie sucrière : c'est dire que les Etats-Unis apporteront une contribution de plus en plus large aux progrès chimiques et industriels de la sucrerie.

Des plaintes nombreuses se sont élevées dans le pays contre les trusts, les droits de douane. Les élections qui ont eu lieu ces derniers temps, témoin celle du Président, en ont subi le contre-coup. La Chambre des Députés, sous l'influence du mouvement d'opinion contre la vie chère a voté la suppression des droits de douanes sur le sucre et la question est maintenant pendante devant le Sénat, qui a fait une grande enquête sur l'industrie sucrière indigène.

Les fabricants demandent le maintien du *statu quo* pour permettre à l'industrie de se développer dans le pays et ils invoquent à ce propos, l'exemple des pays européens qui ont été longtemps favorisés par des primes. Ils invoquent aussi les grands avantages que la nouvelle industrie donne à l'agriculture, aux mines, à l'industrie des constructions mécaniques, etc.

Les raffineries qui reçoivent surtout du sucre de Cuba demandent, au contraire, une diminution des droits de douane.

D'autre part, si on voulait établir un droit de consommation sur le sucre, il faudrait soumettre les fabriques à l'exercice et par conséquent créer un service de régie.

On ne voit pas encore la solution qui interviendra ; mais il ne paraît pas impossible que la législation sucrière américaine subisse des modifications et que les droits de douane soient, tout au moins, abaissés.

LE SUCRE DE MAIS

La question du sucre de maïs, qui avait déjà été soulevée au commencement du siècle dernier, avait repris un regain d'actualité depuis qu'on sait que, par l'ablation de l'épi incomplètement mûr, on peut porter la richesse saccharine ue la tige jusqu'à 12-14 0/0.

C'est ainsi qu'on avait parlé, en 1910-11, d'essais d'extraction qui avaient été faits dans une usine installée à Pittsburg (États-Unis). Les tiges, après l'extraction du sucre, devaient servir à faire du papier.

Depuis de longs mois, on n'avait plus entendu parler de rien.

Il était tout naturel que la question fût soulevée au Congrès international de Chimie appliquée, qui s'est tenu à New-York en septembre 1912 et auquel j'ai assisté. Elle l'a été à propos d'une communication de M. Gibbs sur le sucre de palmier.

M. Prinsen-Geerligs, chimiste hollandais, ancien directeur du laboratoire des fabricants de sucre de Java, à répondu que le jus des tiges de maïs contient, à côté du saccharose, tant de gommes et d'amidon, que les masses cuites ressemblaient plutôt à des puddings qu'à des masses cuites cristallisées.

A ce moment, il y avait une vingtaine de chimistes et de journalistes américains dans la salle de réunion ; mais aucun d'eux n'a fait d'observations.

Il faut donc en conclure que la période des essais n'est pas encore terminée et qu'il n'y a pas encore d'usine industrielle fabriquant régulièrement du sucre de maïs.

TRAVAIL DE LA CANNE A SUCRE SECHEE

J'ai visité dans la région du lac Michigan, à Madison, une fabrique de sucre de betteraves où on se préparait à continuer des essais sur la fabrication du sucre de canne avec de la canne séchée. On voulait en extraire le jus par la diffusion, et la fibre restante devait être employée à faire du papier.

Le *Louisiana Planter*, dans son numéro de novembre 1912, donne quelques renseignements sur ces essais.

L'établissement de Madison vient de terminer sa deuxième campagne d'extraction du sucre de la canne défibrée et séchée. Il a mis en œuvre 700 tonnes de canne sèche et il en reste 1.300 tonnes à travailler (1). Cette deuxième partie de l'approvisionnement sera mise en œuvre quand la campagne d'extraction du sucre de betterave sera terminée.

On a vivement regretté d'avoir été obligé de commencer la campagne de canne si tardivement, et cela d'autant plus qu'on n'aurait pas pu retarder la campagne betteravière sans gros inconvénients et sans pertes notables.

La canne défibrée et séchée n'est arrivée, cette année, qu'en juillet, alors que l'année dernière on l'a reçue dès le mois de mars. C'est pour cela que cette année on n'a travaillé, avant les betteraves, que le tiers de l'approvisionnement en canne.

La canne est séchée à Nive-Bay (Cuba).

La raison pour laquelle on envoie la canne défibrée et desséchée dans le Wisconsin est le fait que dans cet Etat se trouve une des plus grandes fabriques de papier de l'Union.

D'après M. John G. Kremers, directeur de la sucrerie de Madison, il n'est pas nécessaire pour travailler alternativement de la canne sèche et des betteraves dans la même usine, d'affecter un gros capital à l'outillage supplémentaire qu'il faut installer. De plus, cet outillage supplémentaire ne demande pas un grand emplacement ; car une fois que le jus est extrait de la canne séchée, les appareils ordinaires de la sucrerie de betterave suffisent pour la suite des opérations.

La canne défibrée et séchée est facile à manier et à transporter. On décharge la canne dans les hangars de betteraves. Elle arrive en balles et un moteur de 75 chevaux la monte à un étage supérieur dans l'atelier d'extraction.

Il a été objecté que les traitements prolongés auxquels la canne est soumise doivent avoir pour effet de la détériorer. L'expérience a démontré qu'il n'en est pas ainsi. Le fait est qu'au commencement de la campagne de dessiccation, on a séché des cannes de faible

---

(1) Les 2.000 tonnes de canne séchée se trouvaient dans les silos à betteraves au moment où je suis passé à Madison. — E. S.

richesse saccharine ; mais la pureté moyenne de la canne sèch'
reçue a atteint 83 0/0. Il faut environ 3 tonnes et demie de canne
fraîche pour obtenir une tonne de canne défibrée et séchée.

On obtient un jus très dense dont l'évaporation est moins coûteuse que celle du jus de betterave.

On n'a pas publié, jusqu'à ce jour, le montant des frais de transport. En attendant, les partisans du système font valoir qu'on ne
transporte aucune matière inutile en amenant la canne sèche. Rien
ne passe dans un déchet non utilisé ; la valeur des produits secon-
daires couvre au delà les frais de transport.

La Compagnie sucrière (United States Sugar Company) a l'inten-
tion de reprendre les expériences après la campagne d'extraction du
sucre de betterave, soit vers le mois de février 1913.

On a obtenu, avec la canne défibrée et séchée, une belle qualité
de sucre qui s'est bien vendue à Chicago ; mais la quantité exacte
n'en est connue que des intéressés, qui évitent encore de fournir
des indications sur les rendements et le prix de revient.

GRAINES DE BETTERAVES

On a déjà fait quelques essais sur la production de la graine
de betteraves aux Etats-Unis ; mais jusqu'à maintenant les cultivateurs américains ont surtout employé des graines européennes.

Emile Saillard.

TABLE DES MATIÈRES

Paris. — Imprimerie de la Presse. 16, rue du Croissant. — V. SIMART, Imp.

www.ingramcontent.com/pod-product-compliance
Ingram Content Group UK Ltd.
Pitfield, Milton Keynes, MK11 3LW, UK
UKHW022316120726
13694UKWH00004B/1442